「心は遺伝する」とどうして言えるのか

ふたご研究のロジックとその先へ

行動遺伝学者・教育心理学者
安藤寿康
Juko Ando

創元社

はじめに——ふたごの、ふたごによる、ふたごのための研究

初めてふたごに出会ったときの衝撃

こんな逸話がある。

まだ2歳になるかならないかのその男の子は、いつものように仕事から帰ってきた父親を、母親と一緒に玄関で迎えた。ドアが開き「ただいま」といつもの優しそうな父親の笑顔が飛び込んでくる。と、それに続いて、父親と顔、背格好、服装から雰囲気まで何もかも同じ姿のもう1人の別の男性が入ってきた。男の子は驚きのあまり息を止め、目を見開き、次の瞬間、泣き出した。

やがてこの家族とその親類縁者のたわいもない笑い話として語り継がれるであろう、ありがちな「ふたご話」ではある。しかし、人生を歩み始めたばかりの幼い子どもに向かって、この父親とそのふたごのきょうだいがしたいたずらは、この子の人間存在に対する（E・H・エリクソンの言う）基本的信頼の感覚を、わずかの間とはいえ、揺さぶってしまったに違いない。

この世界に、同じ人間は、誰もいない。誰もが母親の胎内に受精した瞬間から異なる体と心

を持って人生を歩む。一人ひとり独自の感性と考え方を育み、やがてその人生を映し出した異なる顔立ち、体つきを築き上げる。人間一人ひとりの持つ個性、そしてそれらが集まって社会が出来上がったときに織りなす多様性の妙は、人生を、文化を、そして歴史を、かくも豊かに、複雑に紡ぎ上げ、またしばしば混沌へと落とし込む。

「この世に、誰一人、同じ人間はいない」

この人間存在の真理を根底から覆す——かのように見える——のが「ふたご」だ。

あなたが生まれて初めて、うり二つのふたごに出会ったときの衝撃を思い出してほしい。この幼な子ほどではなかったにせよ、この世にただ1人と思っていた「この人」と同じ顔やしぐさ、雰囲気を持つもう1人の人物が目の前に現れたとき、少なからぬ驚きを覚えたに違いない。

だからこそ歴史は神話、文学、映画、マンガの中に、数多くの「ふたご物語」を生み出した（なぜか絵画にはほとんど見られないが）。ふたご座物語、ローマ建国の物語から『ワルキューレ』『ふたりのロッテ』そして『古都』『タッチ』『ＹＡＳＨＡ』まで。それは「ふたご」というアイコンが創造、愛憎、葛藤、心の光と影、別れと再会、自己探求などなど、およそ文学の扱うあらゆる主題を、象徴的に描き得る素材だからだ。

ふたごらしくないふたご？

そっくりなふたご。うり二つのふたご。それは通常「一卵性双生児」、つまり1つの受精卵から生まれ、遺伝子を100%共有するふたごである。普通「ふたご」というと、このようにそっくりな一卵性双生児のことが思い浮かべられる。メディアや文学で注目されるのもたいがいこのタイプのふたごだ。そのため、もう1つのタイプのふたごがしばしば無用な劣等感を抱かされる。2つの受精卵が同時に胎内に宿ったことによって生まれたふたご、すなわち「二卵性双生児」だ。彼らは遺伝的には普通に別々に生まれ育ったきょうだいと同じく、遺伝子を50%共有するのみである。だから顔立ちもきょうだい程度の類似性で、同性の場合も異性の場合もある。

筆者とその研究グループは、過去20年近く、ふたご研究を続けてきている。首都圏に在住するふたごの所在を住民基本台帳で調べ上げ、案内状を送り、調査に協力してもらう。その数は1万組を超す（これは1回でも調査に協力してくださったふたごの総数で、個々の研究での協力者数はこれよりもずっと少ない）。その中で、しばしば、「私たち二卵性双生児なんですけど、研究に協力してもいいんですか?」と尋ねられることがある。はじめはその質問の意図を測りかねた。研究者にとっては、一卵性も二卵性も、どちらも「ふたご」である。一卵性の類似性は二卵性との比較があって初めてその意味が際立ってくるのだし、同じ家庭で育ちながら遺伝子が違うことの影響を知るには、一卵性よりも二卵性のほうが有益な情報を提供してくれさえもするからだ。ところがふたごとして生まれ育った当人にとって、しばしば二卵性は「一卵性とは違う」という点で意識的・無意識的に別のアイデンティティを持つものらしい。一卵性はふたごらしいふたご、だけど自分たち二卵性はふたごらしくないふたご、と。

3つのふたご研究

本書では、一卵性も二卵性も、対等にふたごとして扱った研究を紹介する。

ただし、ふたご研究のすべてを紹介するわけではないことも、はじめにお断りしておかなければならない。ふたごの研究には、ふたご「の」研究、ふたご「による」研究、そしてふたご「のための」研究がある。本書の中心となるのは、ふたご「による」研究である。

ふたごはなぜ生まれるのか、ふたごであることは、そうでない場合（単胎児、あるいは三つ子以上）と比べてどのように違うのか、ふたごのきょうだい関係の特異性は……といったふたごそのものについての研究がふたご「の」研究である。また、ふたごを持った親への支援はどうあるべきか、ふたごならではの悩み（親として平等に扱うにはどうしたらいいか、学校は同じクラスにすべきか、など）にどう対処するか……といったふたごとその家族などが抱く悩みに答えようとする研究がふたご「のための」研究である。これらに対してふたご「による」研究とは、遺伝・環境問題を扱う研究である。人間の行動を科学の対象にする行動科学の一分野で、行動遺伝学と呼ばれる。

ふたご「の」研究、ふたご「のための」研究は、基本的にふたごに寄り添う研究である。しかし、ふたご「による」研究では、ふたごの友人として、家族として、隣人として、生活を共にし、一緒に生きるものとしてではなく、ふたごの行動を自然現象として記述し、説明原理としての遺伝要因と環境要因の相互作用を解明する「方法」として扱う。筆者の専門がこの行動遺伝学であることから、本書もふたご「による」研究の紹介がメインになることをお許しいただきたい。

とはいえ、これら3つの研究は別々のものではない。ふたご「の」研究の成果は、そのままふたご「のための」研究に結びつく（たとえば、ふたごがどのくらいの大きさで生まれてその後成長するかというふたご「の」研究は、ふたごたちの体の成長の支援というふたご「のための」研究を進めるうえで必要不可欠の基本的な資料となる）し、ふたご「による」研究にどのくらいふたごに特殊な条件が関わっているかを知ることは、そこから得られた遺伝と環境に関する発見をどこまで単胎児を含めた人間一般にあてはめることができるかを考えるうえで、やはり必要不可欠な情報となるからだ。だから、本書でも、「による」研究と、「の」「のための」研究との関わりを意識しながら話を進めていこうと思う。

目次

第2章 ふたごは互いにどのように似ているのか
——ペア内の類似性から読み解けるもの

第3章 ふたごの類似性を科学する 87

第4章 ふたご研究から見えること

目次

【凡例】
（１）は文献番号を、＊１は注番号を示す。

第1章

なぜ、いま「ふたご研究」なのか

1　ふたご研究の悲史

心理学の中心に寄り添って

ふたご研究が心理学の歴史とともにあったことをご存じだろうか。我田引水と言われるかもしれないが、それは心理学の歴史の中心に常に寄り添ってきたといって過言ではない。「中心にいた」のではなく「中心に寄り添ってきた」という言い方は、控えめを装いながら、いささか傲慢で慇懃無礼かもしれないが、そのような表現をしたくなるようないきさつがある。

史上初めてふたごを遺伝の研究法として用いることを着想したのは、チャールズ・ダーウィンの祖母違いのいとこ、フランシス・ゴールトン（Francis Galton, 1822–1911）だった。彼は、統計的な分析によって因果関係を探るうえで最も重要とも言える「相関係数」を発明し、差異心理学（個人差心理学）と計量心理学（心理測定学）の基礎を作ったという意味で、現代心理学の祖の1人に位置づけられる人物である。そして悪名高いあの「優生学」の祖でもあった。

わが国で最初のふたご研究は１９２６年に小保内虎夫が行った身体計測値と知能に関するもので、その論文はわが国の心理学の専門的な科学論文の発表の場として刊行された『心理学研究』の第1巻第5号に掲載されている。[74] また、世界にも類を見ない「ふたご学校」としていまも知られる東京大学教育学部附属中学・高等学校（現在は中等学校）の『紀要』の創刊号にもふたご研究が登場する。そもそもわが国の研究・教育機関の最高位に位置する東京大学の教育学部に附属する中等教育機関が、その研究・教育の柱として「ふたご」を据えたこと自体、ふたご研究の持つ特殊な地位を象徴的に物語っていると言えよう。このようにふたご研究は、心理学上のエポックメイキングな場に繰り返し登場してきた。

わが国での地位は……

不思議なのは、そのように歴史上の重要なポイントに登場するふたご研究が、しかし一方で、わが国の心理学の中で安定した地位にとどまったことは、いまだかつて一度もなかったということだ。いやむしろ、それはしばしば過小評価され、忘却されていた時期すら短くなかった。筆者がまだ大学の講師になりたてのころ、日本教育心理学会総会の「方法・原理」部門で遺伝の概念と双生児法に関する口頭発表をしたとき、さる高名な初老期の教授から「私も昔、東大附属でふたご研究をしたことがありますがね、あれではさっぱりわかりませんな」と一蹴されたことを、苦笑とともに思い出す。これはおそらくこの教授に限らない、その世代の東京大学の心理学者でふたご研究に携わったことのある研究者たちに共有されたふたご研究観なのだろう。その証拠に、彼らの中からその後、ふたごと遺伝の研究を志す研究者は現れなかった。

この「ふたごの研究をしても、結局、何もわからない」という失望感の吐露は、その後も幾人かの研究者たちから耳にすることがあった。これはつまり「遺伝と環境の影響をはっきりと区別することはできない」という意味だ。いっぱしの研究者たちが、臆面もなく（とあえて言おう）「それでは、何もわからない」と言ってのけるからには、その真逆の「はっきり何かがわかる」「すべてがわかる」ことを予期していること、そしてその人自身が直接関わっているふたご研究以外の研究領域や方法論なら、自分の探求対象について「きちんと何かがわかる、すべてがわかる」と信じているからこそ、出てくる嘆息だろう。だが、果たして本当にそうなのだろうか。

これがたとえば知覚や記憶などの認知過程、親子関係や学校教育などの発達・教育の研究分野ならば、その研究史に途切れはほとんどなく、どの世代にも研究者が育っている。その意味で心理学の中での地位は安定している。つまり「それをやれば何かがわかる、いまわからなくてもやがてすべてがわかる」と信じることのできた研究者が、そのような研究領域にはずっと続いて現れてきたということなのだろう。しかし、ふたご研究はそうではなかった。たとえば、いまの60歳台や40歳台には、ふたご研究者がごっそりと抜け落ちている（ちなみに私はいま「花の50台」である）。だから業績も途絶えて、途切れ途切れだった。

このように「間氷期」がおよそ10年おきにしか訪れない研究業界ではどのようなことが起こるかというと、研究関心や方法論への意識に断絶が生じ、それぞれの世代はそれぞれにその研究関心と方法論を「独学」するようになる。70歳台以上の世代のふたご研究者（その多くは東大附属での研究を経験し、日本双生児研究学会の創設に尽力された方々である）は、ふたご研究そのものをわが国でゼロから立ち上げた世代であり、主としてドイツのパーソナリティ心理学の影響を受けながらも、その研究関心と方法論を手探りで、自力で育んでおり、結果的にはいま国際的な視点で見たとき、認知度は低いがオリジナリティのある独自の研究がいくつも生まれた[36][43][44][45][46][51][113][114]。１９９２年に東京で第７回国際双生児学会総会をホストしたのもその世代であり、双生児研究をライフワークとして取り組んでいる様子に、ある種の威厳が感じられた。筆者が属する50歳台は、そうした創設者層が築き上げてくれたプラットフォームの上に後発で乗せてもらい、創設の苦労は回避しながら、欧米でその後洗練されシステマティックになった構造方程式モデリング（第3章参照）などの方法論を用いた研究に着手することができた。そしていま、筆者の世代は50歳台以下の世代の働きに期待を寄せている。

生命科学時代の心理学

ところで、ふたご研究や行動遺伝学が、心理学の他の領域には見られないある種の偏った批判を受けやすいことは、わが国に限ったことではない。この領域にはジェンセン事件、バート事件、ベルカーブ論争など、主に知能の人種差に関わる遺伝と環境の問題をめぐって、心理学の他の領域ではあまり見かけない喧々諤々のイデオロギーバトルが繰り広げられることがある

（これらの論争の紹介は、拙著『遺伝子の不都合な真実』[2]を参照されたい）。

だが欧米では、それでも着実にこの分野の研究を継承し発展させる研究者が存在し続けた。日本の心理学界はそうではなかったということだ。これはとりわけ行動遺伝学の１９８０年代以降の世界的発展に逆行する興味深い流れであったと言わざるを得ない。

しかしいまわが国でも、「ふたご研究」が再び注目を集めるようになってきている。だからこそ、昨今の出版不況にもかかわらず、本書のような書籍を刊行することができるわけだ。これまでの歴史が示唆するのは、それが心理学史上の「何かの始まり」だということだと思われる。言うまでもなかろう。それは「遺伝子の時代」の幕開け、あるいはもっと広い意味で「生命科学時代の心理学」が始まろうとしていることを象徴する。

2　ふたご研究のわかりにくさ

ロジックは極めて簡単

ふたご研究（双生児法）は心理学と遺伝学との架橋領域である「行動遺伝学」の最も基本的な方法論である。それは人間行動への遺伝の影響を科学的に実証する簡便かつ強力な研究法である。

そのロジックは極めて簡単だ。それは一般に一卵性双生児と二卵性双生児の類似性を統計的に比較することでなされる。一卵性双生児は遺伝子を100％共有するのに対して、二卵性双生児は50％であり、一卵性の半分である。しかし、生育環境はほとんど変わりがない。だからふたごの行動に関する類似性を比較したときに、一卵性の類似性が二卵性を上回っていれば、その行動に、環境ではなく遺伝が影響していることを示したことになる。さらにその差が大きければ大きいほど遺伝の影響が強いと言えるわけである。

このようにふたご研究による遺伝的影響のあぶり出しを支えるロジックは、誰にでもわかりそうな簡単な理論に根ざしている。遺伝と環境の影響がこのようにして科学的に分離できるのであれば、人間の行動や心理の営みの科学的根拠、生物学的成り立ちを知りたいと願うあらゆる研究者や知識人は、これに関心を持つだろう。実際、そのような期待を持ってふたご研究に関心を抱いてくれる研究者は少なくない。ところがそれにもかかわらず、先に紹介した老教授のように、その期待がどこかで「これでは何もわかりませんな……」という失望に変わり、ふたご研究から離れていくのである。

研究には莫大な資金と膨大な作業量

その理由は、ふたご研究が、ふたごの「類似性」という曖昧模糊としたものに依存していて、遺伝と環境の影響を「統計学」という数量的な方法で間接的にあぶり出そうとする科学だからではないかと思われる。これは遺伝現象の担い手であるＤＮＡという物質の化学的メカニズムが生み出すと考えられる具体的でメカニカルな現象の解明に対して、あまりにも抽象的・間接的で、すっきりとした因果関係を明らかにしてくれていないという印象を、研究者にも、また一般の人々にも与えているからである。

加えて、統計的傾向をあぶり出すには、膨大なサンプル数を必要とする。今日、科学ジャーナルに論文を掲載するには、最低でも１００組を超すふたごのデータがなければある程度の結果を示すことはできず、たいがいの研究は数百組のサンプルでなされており、海外では数千組のデータを持つ研究チームも少なからずある。これは数十人のサンプルで１回実験をやれば結果の出るような普通の心理学のやり方ではとうてい実現できず、大きな資金と長期的な調査計画、そして実際にふたごの人たちに協力してもらうためのさまざまな努力が求められるのだ。たった１つの相関係数を算出する背後になされたその作業量たるや、仕込みに想像を超える手間ひまをかけて、それを感じさせずにさりげなくお客様においしく美しい料理を出す一流の料理人のごとしである。

その「相関係数」こそ、双生児による行動遺伝学研究にとって最初にして最も重要な情報、料理にたとえればだしやスープにあたる、すべてのもとと言えるだろう。相関係数とは統計的な類似性を表す指標であり、先述のようにふたご研究の祖、ゴールトンの作品である。これは完全に類似（一致）しているときに1、完全に類似していない（無関係な）ときに0となり、その0と1の間をとるというわかりやすい数値である（図１－１）。ちなみに、一方が大きくなるともう一方は逆に小さくなるような方向だと、０からマイナス１の値となる。

例として図１－２をご覧いただきたい。これは、生まれたときと思春期（中学・高校生）のときの一卵性と二卵性のふたごの体重の類似性を表したものである。いずれの時点も一卵性の値が二卵性を上回っていることから遺伝の影響があることがわかるだろう。それだけでなく、成長するにつれて一卵性と二卵性の差が開くことから、遺伝の影響が相対的に大きくなることもわかる。相関係数は、第2章ではふたごきょうだいのペアごとの類似性を表すときに用いられ、さらに第3章では、その数式の説明と、そのロジックがさらに洗練された統計手法へと発展していく様子が紹介される。

それでも研究論文数はウナギのぼり

生物としてのヒトを形作るうえでの最も基本的な情報源であるＤＮＡの全解読をめざしたヒトゲノム計画が始まったのが１９９３年、そしてその完了が宣言されたのが２００３年。この10年の間に、遺伝子の理解をめぐる状況は一変した。10年前にヒトの遺伝子の数は約10万個と見積もられていた。それが今日では2万3千個あまりと言われている。その数の意外なまでの少なさに比して、多様な生命群の中でどう見てもひときわ複雑で特異な特色を示すヒトという

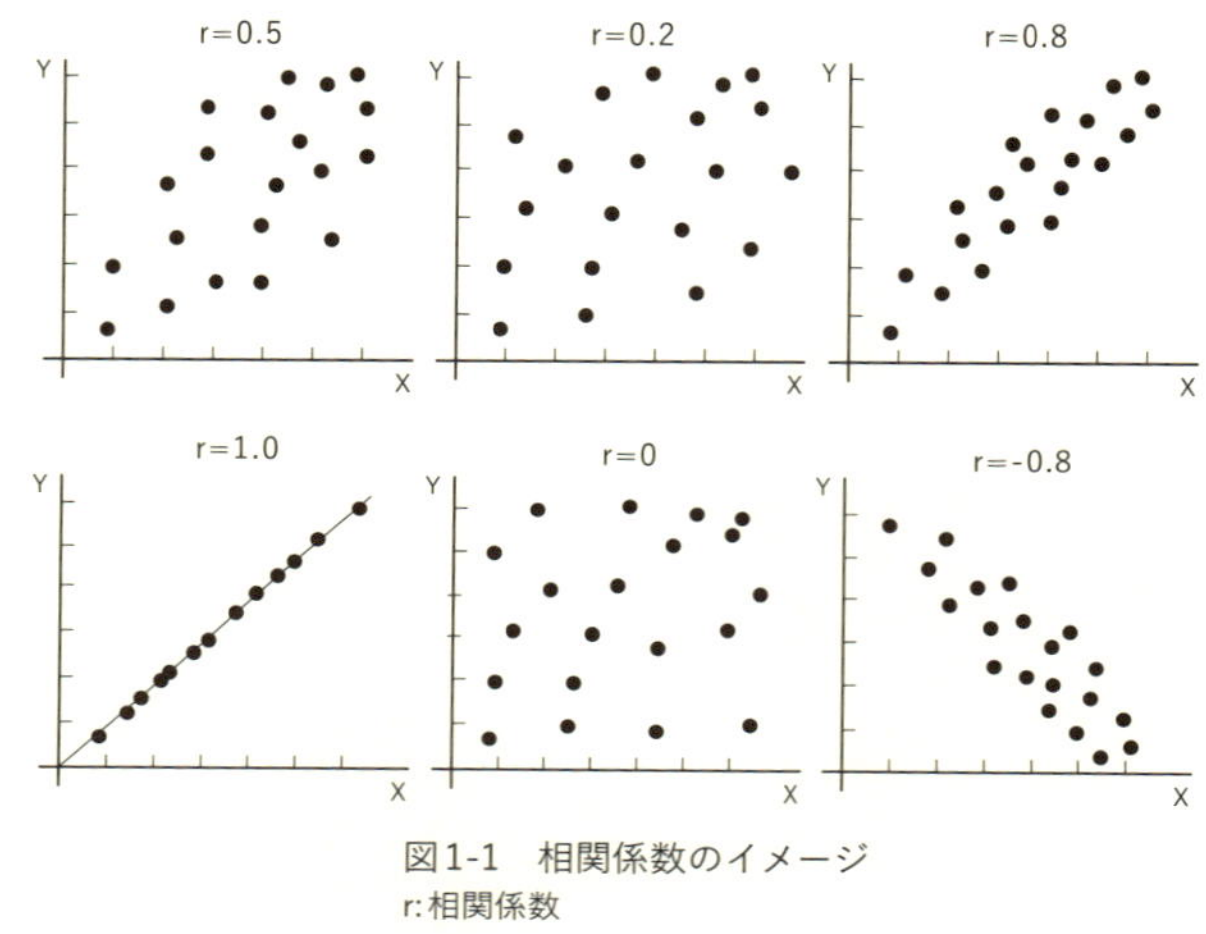

図1-1　相関係数のイメージ
r: 相関係数

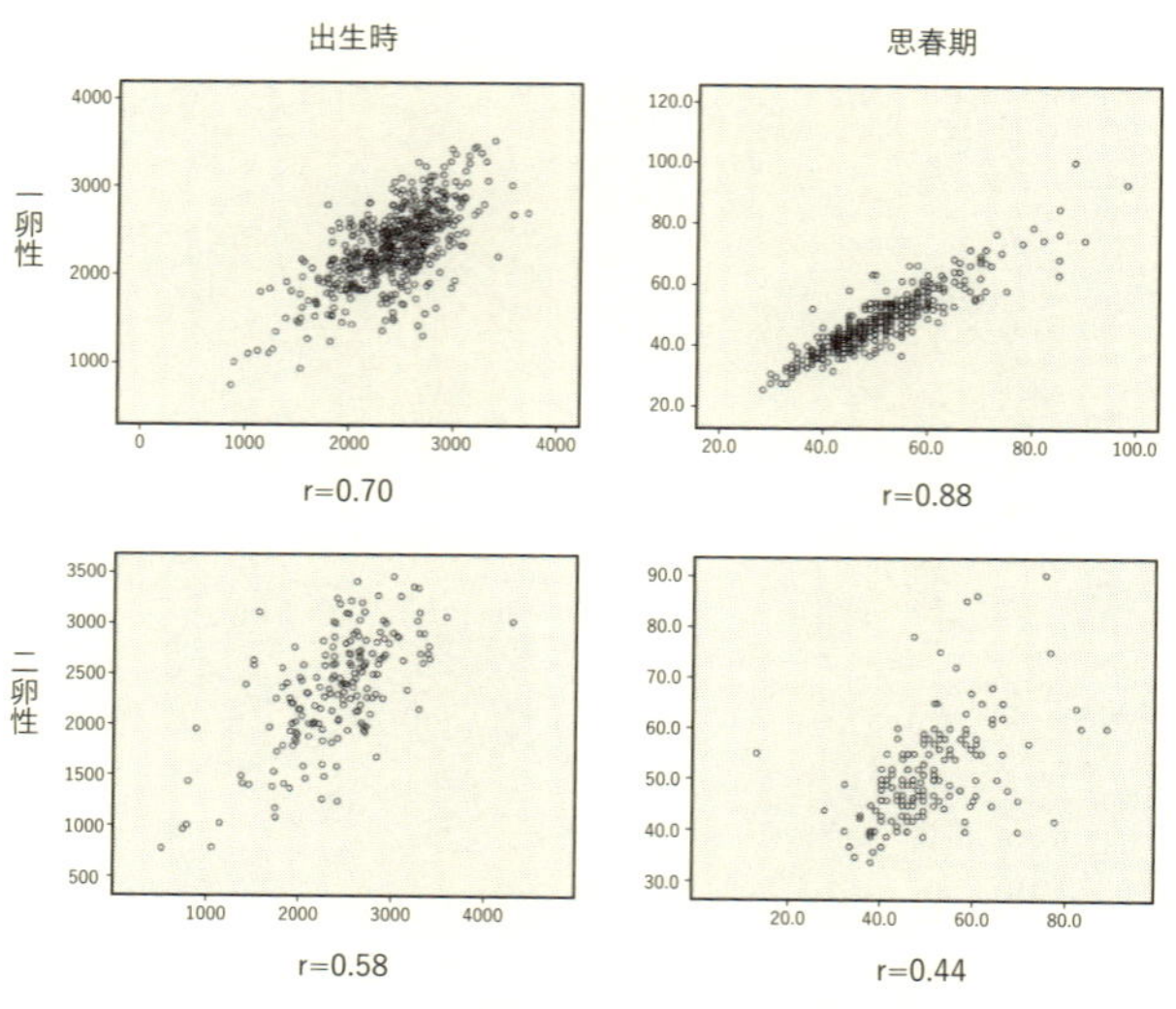

図1-2　出生時と思春期の体重の卵性別相関関係

種を説明するには、１つの遺伝子が機械の部品のように決まった１つの機能に対応するという単純な遺伝子観では立ち行かないのは明らかだ。それはむしろ、想像以上に柔軟でダイナミックな機能発現の調節のうえに生命現象を作り出していることを予感させ、そして実際にその様子が少しずつ解明されつつある。

遺伝子にコードされているのは、その生命体を作り上げ、働かせるあらゆるタンパク質の設計図とその仕様書であると、一般には比喩的に説明される。それはその言葉が指し示すような「遺伝」、つまり形質の特徴を「遺し伝える」ことだけでなく、あらゆる生命活動を生み出す基盤となる要因、すなわち「基因」（中国語では gene の訳語として「遺伝子」ではなくこのコトバを用い、このまま「ジーン」と読む。さすが中国語、訳語として実に秀逸だ）として働いているという理解に変わってきたのである。

この潮流は、改めて心理現象や行動のような、目に見えずとらえどころのない形質の説明にも、それがヒトの生命現象の一部である以上、遺伝のメカニズムの理解が不可欠であるという認識を、心理学やその隣接領域にもたらしてきている。図１－３は１８８０年以降に刊行された双生児研究の論文数の推移を示したものだ。双生児による研究は１９８０年代以降、加速度的に増加し、とくに今世紀に入ってからは、ウナギのぼりを得意とするウナギですらきっとはい上がれないほどの急勾配の伸びようである（さすがに最近の5年間でそろそろ漸近線に近づきつつあるかの様相を呈し始めてはいるが）。

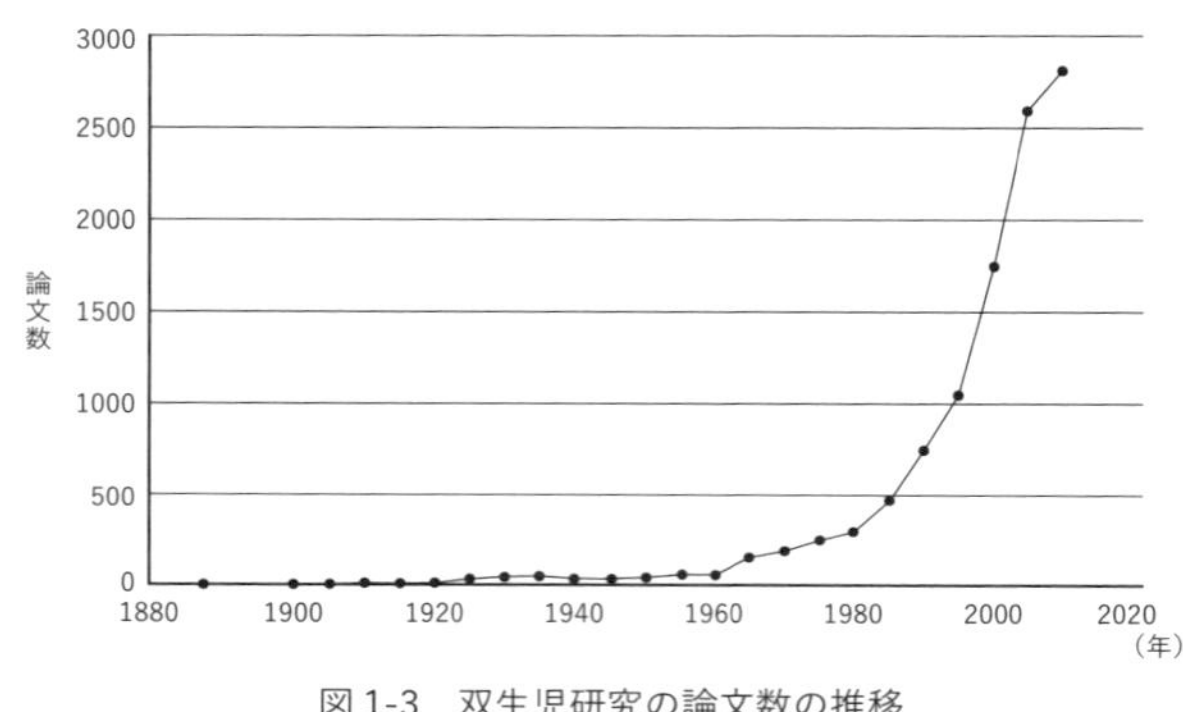

図 1-3　双生児研究の論文数の推移

心理学論文データベース（PsychINFO、PsycARTICLES、Psychology & Behavioral Sciences Collection）で“twin”“genetics”を含む論文の数を5年ごとに示している

双生児研究は、あくまでも遺伝子の影響を、血縁者の類似性をもとに統計的に「間接的推定」するための方法である。それは遺伝子を分子生物学的に直接扱うことのできなかった時代のやむを得ない暫定的な古典的方法論であり、分子生物学の台頭とともにその意義は消滅するという悲観論が、ヒトゲノム計画の完成を目前にした世紀の変わり目にささやかれていたことがあった。いや、それどころかいまでも依然として、双生児研究だけではあまりに間接的すぎて、遺伝について何もわからないと感じている人も少なくない。ところが研究の世界の現実はこの通り、まったく正反対である。

これこそ、なぜ、いま「ふたご研究」なのかと問わねばならないゆえんである。

遺伝研究への関心の高まりとレジストリーの構築

まず根底に、すでに述べたような人間の遺伝研究に対する関心そのものの高まりがあることは間違いない。何しろ遺伝子は生命現象を成り立たせる最も基盤となる要因として、個体発生的にも系統発生的にも最も重要な担い手である。その遺伝子を探求する前提として、関心となる形質が遺伝子の影響をそもそも受けているのか、受けているとしたらどの程度かを確認する必要があり、それはヒトの場合には双生児法を用いるのが常套手段であるから、それを行う研究が増えてきたのは当然のことであろう。今日、心理学に限っても、論文検索データベース（PsychINFOなど）を用いて、"twin" "genetics" とともに何か関心のある心理学的キーワードを入れれば、たいがいのものは引っかかってくる時代になった。

しかし、関心だけあってもふたご研究は行えない。ふたご研究を行うために何よりも肝心なのは、ふたごの人たちの協力である。先にも述べたように、数百組から数千組といった単位のふたごのデータがなければ、安定した信頼のできる科学的結果は得られない。それだけの数のふたごの協力者を得るために、ふたご研究者は世界中で「ふたごレジストリー（twin registry）」を構築する努力を続けている。研究に協力してくれるふたごの人たちを登録するシステムである。ふたご研究が盛んになったのは、世界各国でこのふたごレジストリーが構築されるようになったからにほかならない。双生児研究の専門誌 "Twin Research and Human Genetics" では、２０００年、２００６年、２０１３年と、世界各国の双生児レジストリーの報告を特集しているが、最新の２０１３年では全世界で76チームが関わっていることが紹介された。この中には日本からも筆者らの慶應義塾双生児レジストリーをはじめ、大阪大学など4つのレジストリーが挙げられている。

さらにふたごを扱う研究者の数が増えている。とはいっても、それはふたご研究の専門家ではない。ふたご研究はあくまでも方法論であり、それ自体はコンテンツフリーであるから、ひとたび遺伝要因に関心を持った研究者であれば、それがいかなる研究領域であろうと、ふたご研究に参入することができる。そして実際、ふたごのデータを扱うことのできる研究者が、心理学や医学、そして最近では経済学など、いろいろな研究領域で増えてきたこともまたふたご研究が盛んになってきている理由の1つだろう。1994年に筆者らが『遺伝と環境――人間行動遺伝学入門』として翻訳・出版した行動遺伝学の泰斗、ロバート・プロミンの著書[84]においては、その序に「私は、将来なされるであろう最良の行動遺伝学研究は、行動遺伝学者によってなされるものではないと確信している……むしろ最も良い業績は、行動遺伝学の概念や実証のための手段を、他の領域の研究者たちが、その学問領域から生じる理論に根ざした問題への探求に用いるときに成し遂げられると、私には思われてならない……」と予言されていた。それが今日、まさに現実のものとなったのである。

理論に根ざしたリサーチクエスチョンを

ここでプロミンが「その学問領域から生じる理論に根ざした問題への探求に用いるとき」と

言ったことの真意をつかみ損ねてはいけない。「理論に根ざした」リサーチクエスチョンであるかどうかが重要なのである。行動遺伝学は、すでに前世紀のうちに「人間のあらゆる行動は遺伝的である」という原則を発見した[110]（第4章参照）。だから今日、単に「この行動に遺伝の影響はあるか」というリサーチクエスチョンだけでふたご研究を行うことはほとんど無価値といっても過言ではない。苦労してたくさんのふたごの方々に協力してもらってデータを集め、その統計的結果として一卵性の類似性が二卵性を上回ったことを見出し、遺伝の影響が「ある」ことを示しても、それはもはや当たり前の結果に過ぎないのである。重要なのは、それがその研究領域においてどれだけ重要な意味をもって「ある」かを物語る科学的なストーリーを持つということ、そしてその遺伝の影響がどのような特色をもって「ある」かを発見していくことなのである。

たとえば近年、経済学者、とりわけ行動経済学に関わる人たちがふたごの研究に関心を寄せ、数々の論文が報告されるようになった。これまでの経済学は、人間は経済的な条件の中で合理的に判断をする存在（合理的経済人）であることをその理論的前提に置いてきた。それはもっぱら経済的環境によって動かされる存在である。仮に人間の購買行動の原因として何らかの心理的要因を仮定したとしても、その心理的要因はやはり経済的環境によってもたらされたものと考えられてきた。ここでそれが環境だけでなく遺伝の影響もあると示すことは、それだけで経済学の根底を揺るがすことになる。行動遺伝学者から見れば当然至極、平々凡々の「購買行動の個人差に遺伝要因が関わっている」というふたご研究の知見も、それが置かれる場によっては宝にも爆弾にもなるのだ。同じことは、社会学や教育学、犯罪学や文化人類学など、これまで遺伝要因をほとんど考慮せず、むしろそれをタブー視し排除してきた社会科学全般について起こり得ることである。

優生的状況を打破できる可能性も

さらに購買行動に及ぼす遺伝の影響が、たとえば知能の遺伝要因と重なりがあることが示されたり、社会階層によってその影響力の程度が異なったりすることがわかれば、個人や社会における購買行動の見方が変わり、社会構造の仕組みの理解をより深めることが可能になる。そしてこれはまだ実現されていないが、経済政策や教育政策に対する現実的示唆を導くことすらあり得るだろう。このような知見は、おそらく容易に想像がつくように、かつての優生政策のように遺伝的に「望ましくない」条件を持っている人をこの社会から排除したり抹殺したり、不利な立場におとしめる（たとえば遺伝子検査で「悪い遺伝子」を持つ胎児を堕胎したり、「遺伝的に能力の低い」人を社会的に低い立場の職業に優先的に配置するなど）という差別的な政策を正当化する根拠として使われる危険性を一方ではらむ。だから社会科学は遺伝をタブー視してきたのだ。

しかし、逆のことも言える。そうした知見を得ることは、それを知らなかったために現実に成り立ってしまっている優生的状況、つまり遺伝的な原因がもとで社会的に不利な立場に置かれる人が生まれてしまう状況に光をあて、それをなくすための方策を探っていくことも可能にするのである。いずれにしても、こうしたことがふたごによる行動遺伝学研究の方法論とその知見から生まれる可能性すら出てきているのである。

好奇心と探究心をかき立てる何か

ここまで、もっぱら行動遺伝学の方法論としてのふたご研究について語ってきたが、もし自らがふたごの方がここまで読まれていたとしたら、「われわれふたご自身のことが全然研究の対象になっていないではないか」「私たちは単なる研究のためのモルモットなのか」と、違和感や怒りすら覚えるだろう。

ふたご研究には、「はじめに」でも述べたように、ふたご「の」研究、ふたご「による」研究、そしてふたご「のための」研究の3つがある。確かに筆者は、専門が行動遺伝学なので、ふたごの人たちについては、その方法論上必要であるがゆえに研究への協力をお願いするということがほとんどだった。つまり、ふたご「による」研究を主として行ってきた。それはふたごといっても何か特別な存在では決してなく、生物学的に（一卵性は）同一の遺伝子を持つ、あるいは環境条件が同じで遺伝的条件だけが異なる（二卵性）という点でのみ特別な条件を持ち合わせた「普通の人」であるということが重要だからである。

しかし「ふたご」にはやはりふたご独特の特殊性や事情がある。そして「ふたご研究者」という言葉だけを聞けば、それはまさにふたご「の」研究、あるいはふたご「のための」研究をする人を思い浮かべるだろう。実際、ふたごはそれ自体、興味の尽きない存在である。神話や小説などの数々の物語から映画、テレビドラマ、マンガに至るまで、ふたごが題材として取り上げられたものは枚挙にいとまがない。ふたごは世界の創生（ローマを建国したロムスとレムスの話）、世界救済のための運命的出会い（ワーグナーの楽劇『ワルキューレ』のジークムントとジークリンデ兄妹）、愛憎（川端康成の小説『古都』、吉田秋生のマンガ作品『ＹＡＳＨＡ』）、アイデンティティの確立など、「同じだけど違う、違うけれど同じ」という素材であるがゆえに、さまざまな創造と想像と思索を人々に喚起し、それが無数の芸術作品として表現されてきた。ふたごには、それ自体に人々の好奇心と探究心をかき立てる何かがあるのである。

ふたご「のための」研究の重要性

だがそのことは、ふたごについての「語り」が、逆に現実のふたごからかけ離れ、デフォルメされた「ふたご神話」として人口に膾炙することにもつながっている。「ふたごっていつも同じことを考えているの？」「テレパシーで通じ合うってホント？」「一方が病気になると、もう一方も必ずなるんでしょ？」など、挙げればきりがない。また「どっちがお兄さん？」「あなたのふたごのきょうだいは外向的なのに、あなたは内気ね」など、ふたごでなければ味わう必要はなかったであろう無神経な質問や比較も頻繁に浴びせられ、傷つけられたり辟易させられたりする。さらに「ふたごの出生率に時代や地域による変化はあるのか」「ふたごの出産に伴うリスクにはどのようなものがあるのか」、あるいは「ふたごは言語発育が遅いのか」「そのふたごきょうだいの間だけにしか通じないツインランゲージがあるのか」などといったふたご特有とされている現象にも関心が向けられる。こうしたふたご独特の状況について、より多くの正しい事実を知ることも、ふたご研究がしなければならない重要な仕事である。

本書では、残念ながらこれらのふたご「の」研究、ふたご「のための」研究については、ほとんど取り上げられていない。わずかに、先に述べたようなふたごの心理的・社会的な関係に関して私たち自身の行った調査のごく一部に触れるにとどめざるを得ない。このようなふたご「の」研究、ふたご「のための」研究は、とりわけふたごの出生数が昔に比べて増加した今日、需要そのものが増えているという意味で重要である。それと同時に、それが単にふたごだけのための研究にとどまらない、それ自体がある種の普遍性を有するリサーチクエスチョンを持った研究なのである。ふたごそのものの生物学的な特徴（発生のプロセスなど）やふたご特有の医学的問題（双胎間輸血症候群など）、また育児・保育に関することなど、これまでに蓄積されてきたたくさんの知見に関しては、筆者の力の及ばない領域であり、筆者の関わるプロジェクトでもこうしたテーマについてはすべて網羅的に研究しているとは言えないので、それらをここでまとめることはせず、創元社から刊行予定のふたご研究の専門書シリーズに譲り、ふたごの類似性と、そこから見出される行動の遺伝というテーマに焦点を絞りたい。

第2章

ふたごは互いにどのように似ているのか
――ペア内の類似性から読み解けるもの

1　そもそも「ふたご」とは何か

同時に生まれることはあり得ない

ここで改めて「ふたご」とは何かと問うてみよう。この問いに答えるのは、簡単そうで、実は意外と難しい。

「同時に生まれた2人の子ども」

一般的にはこのように考えられている。しかし、2人の人間が「同時に生まれる」ということはそもそもあり得ず、たいがいは数分の差をもって出産される。そしてごくまれに数日から数十日分かれて生まれる場合すらある。ギネス記録によれば87日差で生まれたケースがあり、[*1]非公式なものでは95日という事例もあるらしい。[*2]なぜそんなことが起こるかというと、昔は（時には、いまでも）出産のときまでふたごであることがわからず、1人を取り出してそれでおしまいと思っていたところが、お腹の中にもう1人が残っていて、後から気がついて取り出されることがあるからだという。また、片方の発育が思わしくなく、もう少し母体にとどめて成長してから分娩したほうがよいと判断された場合などもある。

出産が深夜に及んだ場合、日付をまたいで生まれることがあり、その場合は戸籍にも異なる生年月日が記載される。それが大晦日の真夜中だと、生まれ年が違うことになるわけだ（余談だが、私たちのふたご研究プロジェクトで、住民基本台帳から「同じ世帯と同じ生年月日を持つ２人」の条件でふたごを抽出するときも、生年月日の間隔が２日の場合まで含めたが、これを目視で検索するのは大きな精神的負担だった。そして首都圏内の４万組以上のふたごをそれによって調べ上げたが、実際には生まれ年が違うようなケースは見つからなかった、あるいは見つけられなかった。もし読者の中にそのようなふたごがいらっしゃったら、ぜひ知らせてほしい）。

「ふたご」の生物学的な定義

だから、もう少し厳密さを持たせるならば「同時期に（発生し）発育して生まれた２人の子供」（Wikipedia の項目「双生児」より、ただし（　）内は筆者の加筆）ということになる。しかしうるさいことを言えば、この「発生の同時性」にも考えねばならない点がある。

一卵性の場合は１つの受精卵が２つに分かれて別個体が生まれるのだから、これはまさしく

＊１　http://www.dailymail.co.uk/health/article-2316634/Twins-born-87-days-apart-mothers-contractions-simply-STOPPED.html

＊２　http://www.apnewsarchive.com/1995/Girl-Born-95-Days-After-Twin-Brother/id-74d2aa619cff304acdfa985babea6129

同時と言ってよい。その分離が比較的早い日数のときに起これば（通常、受精3日以内と言われる）、お互いに子宮の中の離れた位置に着床しやすいので、母体との接合組織である絨毛膜も、また胎児を保護するための子宮内の膜である羊膜も別々独立のいわゆる「2絨毛膜2羊膜」となる。だが、2つに分かれるのがもう少し後だと（4日から7日程度）、着床してから分離するので、羊膜は別々だが絨毛膜は1つの「1絨毛膜2羊膜」となる。実際には「1絨毛膜2羊膜」の場合のほうが多く75％ほどで、これは胎盤が1つなので一卵性と判断されやすい。しかし、残る25％は「2絨毛膜2羊膜」で胎盤が2つあるため、産科医でもこれを見て二卵性と告げてしまうケースがよくある。だから、後から遺伝子で卵性を調べてみると、約25％が一卵性なのに二卵性だと思い込んでいたという結果になる。また、ごくまれにだが「1絨毛膜1羊膜」というのもある。

いささか問題となるのは二卵性だ。二卵性はもともと2つの卵が排卵されたところにそれぞれ別々の精子が受精して生まれたものだ。この受精の時期がまったく同じかどうかはわからない。また体外受精で同時に受精させたが、1つは子宮に戻し、もう1つは冷凍して5年後に子宮に戻したという実際にあったケース[*3]は、「生まれ」は同時だが「産まれ」は別々ということができるだろう。

受精は神秘的な瞬間である。卵に精子が突入したその瞬間、それ以外の精子の侵入を防ぐために卵の周りにはもう1枚の膜が張りめぐらされる。だからちょっとでも後から遅れてその卵に滑り込もうとしても不可能という厳しい「精子戦争」がある。しかし、もし本当に「まったく同時」に2つの精子が卵に侵入したとしたらどうなるのだろう。それでも卵の側には1セットの一倍体の遺伝情報があるのみで、それにもう1つの片割れの遺伝情報が補完されるのだから、出来上がるのはどちらか一方の精子からの遺伝情報を持ったもののはずだ。だがかつては、1つの卵に2つの精子が同時に受精した結果生まれる「もう1つの卵性」が存在するのではないかと議論されていた時代があった。卵が何かの理由で2つに分かれ、それぞれに受精するというケースが理論的には考えられるからだ。だがいまのところ、その存在は確認されていない。[＊4]そうするとやはり二卵性の場合、発生の厳密な「同時性」は保証されず、いったいどのくらいの間隔で受精がなされたのか、それが2人の胎内での生長にどのような影響を及ぼすのかなどはわからない。

そうなると少なくとも生物学的には、胎内での生長を共有していた2個体をもって「ふたご」と定義するのは妥当だろう。ちなみに胎内の生長の過程でふたごの片方が消失する、いわゆる「バニッシング・ツイン」という現象があることが知られている。

＊3　http://www.theguardian.com/science/2012/jan/04/twins-born-five-years-apart

＊4　特殊な卵性の説明もWikipediaの項目「双生児」が参考になる。

社会的存在としてのふたご

心理学者にとって興味深い問題は、そのような生物学的な存在としてのふたごが、人間の社会に投げ込まれたときの、社会的存在としてのふたごである。これは必ずしも当たり前に「ふたご」として存在するわけではない。生まれてきた生物学的なふたごに対して、社会や文化がそれをどのように見て扱おうとするかが、ふたごのあり方、生き方を大きく左右する。

まず「ふたご」の存在そのものを否定しようとする文化がある。昔の日本の一部には、ふたごが動物の多胎のようであることからおぞましく思い、これを「畜生腹」と呼んで、片方を殺したり里子に出したりして、ふたごであったことを隠蔽する風習が存在した。つまりふたごとしては生きられないふたごがいたということである。また必ずしもそのような偏見による殺害や隠蔽などということがなくても、貧困や母親の健康状態のために2人を同時に育てるのが困難だったり、さまざまな理由から請われて1人を別の家庭にゆだね、ふたごであることが知られないままに育つというケースもある。つまりふたごとして生まれたとしても、無条件に「ふたご」として社会的に生きられるとは限らないのである。

ふたごが生物学的な存在だけでなく社会的存在でもあり、もっと言えば「ふたご」という概念があるからふたごは「ふたご」と認識されるのだということに気づいたのは、チンパンジーのふたごの観察をしてからである。高知県立のいち動物公園には、世界でも珍しいふたごのチンパンジー、ダイヤとサクラが育っている[*5]（図2－1）。彼らの成長過程を、京都大学霊長類研究所の友永雅己先生、聖心女子大学の岸本健先生らの研究チームに加わらせていただき、生後1年目から2016年に5歳になるまで観察させてもらった。普通チンパンジーなどヒト以外の霊長類にふたご出産があっても、強いほうしか生き延びられなかったり、両方とも死んでしまったりする場合がほとんどであると言われる。ところがここでは、人工飼育によらず、動物園のチンパンジーコミュニティーの中で自然に育っているのだ。それがなぜ可能だったのかも研究の主要なテーマであるが、有力な仮説としては常に母親以外にふたごの片方の面倒をよく見てくれる乳母にあたる別のメス個体がいたからだろう。これはアロマザリングと言い、チンパンジーでは一般にほとんど見られないとされる。チンパンジーの母親は生まれた1人の子どもを生後数年間、ほかの大人が世話することを強く忌避するからだ。しかしダイヤとサクラの母親のサンゴは、自分の子ども（の1人）を別のメスが面倒を見ることを拒まなかった。(53)といっても決して母とふたごの絆が欠落しているのではない。寝るときはいつも母と子の3人が一緒だし、ケージから展示のためのオープン

図2-1　ふたごのチンパンジーのダイヤとサクラ
高知県立のいち動物公園提供

＊5　現在はサクラが別の動物園に移され、「ふたご」として認識される機会がほぼまったくなくなってしまった。

フィールドに出てくるときは、いつも母の背中やお腹に2人が一緒に抱きついている。

しかし、彼らを見ていてつくづく思うのは、チンパンジーには「ふたご」という概念がないということだ。私たちヒトがふたごを見て「ふたご」と呼び、ふたごらしく扱うということが、チンパンジーではまったくといっていいほど見られない。一方が母親、もう一方が別のメスと親しくして遊んでいる様子を見ると、別々の2組の親子がいるかのように見える。これを見たとき、つくづくふたごは「ふたご」として周囲が認識し、ふたごとして育てるから「ふたご」なのだという事実に気づかされたのであった。

どちらが第一子かも便宜的な取り決め

このように、ふたごは生物学的存在であるだけでなく、社会的存在でもある。ふたごには長幼の序は本来存在しない。つまり分娩の際に先に出てこようと後に出てこようと、そこに生物学的な差異はないのだ（平均的には先に分娩されたほうが体重が重い傾向はあるが）。これをどちらを第一子とするかは、本来まったくの便宜的な取り決めである。

ふたごは胎内でもしばしばその位置を変えるから、自然分娩でどちらが先に取り出されるかは偶然である（それでも体重の重いほうが先に出てきやすい傾向はある）。帝王切開の場合であれば、さらにどちらが先に取り出されるかに規則性はない。明治時代までは、より長く母体内にいたからという理由で、後から生まれたほうを第一子とする慣習もあった。しかし明治7年（18

７４年）の太政官令で、先に生まれた者を第一子とするという法的な定めができたことにより、いまに至るまで法的にはそのように扱われている。しかしこれは生物学的なものではないので、これから述べていくような統計的な分析の際は、特別な理由がない限り、どちらを第一子扱いするかは、研究者がランダムに決めて便宜的にデータベース化する。

2　ふたごはどのように似ているのか

見かけの類似性

ふたごは実際どのように似ていると言えるのだろうか。これこそが、第１章で述べ、本書で考え続ける双生児法の基本問題だ。なぜ「問題」かと言えば、それは「似ている」という基準が相対的、つまり「程度問題」だからである。これは同じことが、ふたごはどのくらい「違う」のかという問題にもあてはまる。一卵性の「違い」は、第5章で扱うように、いまとてもホットなトピックである。

図２－２は、わが国でおなじみの一卵性のふたごの人たちの顔である。彼らは、それぞれに明らかに「似ている」と言っていいだろう。そもそも彼らは、その「似ている」ことを仕事上

図2-2　一卵性のふたごの有名人
お笑いコンビ「ザ・たっち」（上）と女優の三倉茉奈と三倉佳奈（下）

の1つのウリにしているのだから当然とも言える。それでは図2－3aはどうだろうか。お化粧の違い、髪型の違いのような表面的な違いがあることはもちろんだが、顔の輪郭や表情の雰囲気が若干異なることがわかる。一卵性といっても、これくらいは違って見えることがある。この2人が調査会場にいらしたとき、てっきり男女のふたごかと思ってしまった。後になってお話をうかがうと、そのときは20歳を少し過ぎたところで、最も同じに見られたくない時期だったそうである。それぐらい一卵性はよく間違えられるほど似ているものである。実際、この2人も3歳のとき、あるいは40歳になった現在の姿は、一卵性らしくよく似ている（図2－3b）。

図2－4は赤の他人同士だが、顔のつくり（だけでなく名前まで！）が何となく似ている。俳優のシルベスター・スタローンとジャン＝ポール・ベルモンドと若林豪は国籍が違うのに似ているし、明治期の総理大臣の山県有朋と戦争写真家の渡部陽一も赤の他人のそっくりさんとしてネットなどで紹介されている。心理学者のジャン・ピアジェとケンタッキーフライドチキンのカーネル・サンダースもよく似ているとかねがね思っている（そうした「そっくりさん」画像はネットにたくさん出ているので画像検索してみてほしい）。そして図2－5は有名な異種間のそっ

くりさんである。異なることは明らかなのに、どこか「似ている」。似ているというのは、客観的・物理的にあるのではなく、このように見る側の抱く主観的で相対的な判断の問題が多分に入り込む余地のあるものなのである。

図２-3a　意外と似ていない一卵性のふたごの20歳頃の写真

図2-3b　「意外と似ていない一卵性のふたご」の3歳時（上）と40歳時（下）の写真

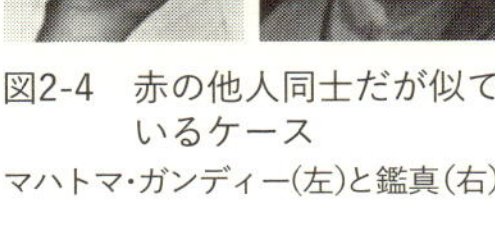

図2-4　赤の他人同士だが似ているケース
マハトマ・ガンディー（左）と鑑真（右）

図2-5　異種間のそっくりさん
アメリカのジョージ・W・ブッシュ元大統領とチンパンジー
http://cheezburger.com

図2-6　慶應義塾双生児研究に参加してくださったふたごのみなさん

私たちふたご研究者は、研究のために一度にたくさんのふたごのペアの方々に大学のキャンパスに来ていただき、さまざまな調査をさせていただく。多いときには1日に40～50組になることすらある（図2－6）。そのときは壮観だ。受付に初めていらしたとき、いかにも私たちはふたごですということをアピールするかのように、同じ服装、同じ髪型で一緒に登場するふたごのペアたちがいる（二卵性でもそのようなペアがいる）。ところが正反対に、1人が「もう一方は後から来ます」とぶっきらぼうに言ってそそくさと受付を済ませた後、やがてまったく違う雰囲気のきょうだい（それでも一卵性である）が来るなどということもある。調査の様子を見たり、休み時間の合間に少し雑談をさせていただいたり、帰りがけに謝金をお渡しする手続きをしたりと、ふたごの方たちの自然なふるまいにほぼ丸一日付き合う経験をするわけだ。

不思議な感覚に見舞われるのはその帰り道である。道で歩いているとすれちがう、同い年くらいで並んで歩いている2人連れを見ると、みんなふたご（その場合は二卵性のふたごとしてだが）に見えてきてしまうのだ。もちろんたいがいは友だち同士や仕事仲間といった、血のつながっていない人同士のはずである。しかしどこか「似ている」ように見えてしまうのだ。とくに2人が会話していれば、お互いに楽しい話、まじめな話、難しい話や冗談の言い合いなど、話題とともにその感情やリズムまで共有し合っているので、なおさら似て見えてしまう。類似性というのがいかに曖昧なものかにわれながら当惑し、そして似ているところを探し出そうと思えば赤の他人同士でもそれが見出されてしまうことを痛感させられる経験である。

これは顔かたち、スタイルといった「見かけ」の話である。心の動きについてはどうだろうか。

感情や考えは（当然）それぞれ独自

当然のことだが（……とあえて強調するが）、一卵性のふたごだからといって、年がら年中、同じことを感じたり考えたりしているわけではない。2人は別々の人間である。一卵性のふたごは究極的には同一人物であるというある種の幻想が、ふたごを題材とした小説やドラマなどでまことしやかに描かれ、ふたごでない人たちがそのイメージを漠然と鵜呑みにしているかのような発言を耳にすることがしばしばある。そんなはずがあろうか。ふたごといえども独立した個人がそれぞれの独立した生活を送っているのだ。仮に2人が同じ時間に同じ部屋にいたとしても、していることや考えていることはそれぞれだ。もちろん普段の生活の中で、2人は互いに影響を及ぼし合ってはいる。それは普通のきょうだいでも夫婦でもあることだ。しかし、やはり普通のきょうだいや夫婦と同じように、それぞれは独自に自分自身の感情や考えを抱き、それぞれ自律してふるまっている。見かけがうり二つだからといって、互いがテレパシーか何かで通じ合って、頭の中身がまったく「同じ」になるようなことなどないという認識は、少なくともこれからの話の当たり前の前提として踏まえてほしい。

だがここでも問題は「程度問題」だ。独立した個人がそれぞれ独立に発言したりふるまったりするにしては、似ていることがある。それどころか、普通のきょうだいやよく似た夫婦以上に似ている。

それにしてもよく似ている

たとえば私たちが小学6年生のふたごの子どもたちを大学に集めて英語の教育実験を行っていたときの話。ふたごのきょうだいを別々の部屋に分け、一方には文法訳読式、他方には会話中心式の教授法を施した[1]。教室の大きさはほぼ同じくらい、机の並べ方も同じように4人1組の島を3つ作って、同じ位置に座ってもらう。教える単語や文法規則も同じで、ただ先生と教え方だけが違う。その1時間ほどの授業の中で、ふたごの子どもたちは互いに隣の教室ではどんなことをしているかをまったく知らないまま、それぞれに先生の指示のもとで学習を進める。この実験授業の期間は1週間ほど。クラスの様子は別室のモニタールームから可動式のカメラとマイクで常時観察している。

授業の回数が進み、最初の緊張が和らいでくると、それぞれの子どもたちの個性が現れてくる。すると、それぞれ別々の部屋で異なる教わり方をしているのに、一卵性のきょうだいのクラスの中でのふるまいに類似性が見つかるようになる。ある一卵性の女の子のきょうだいは貝のようにおとなしく、どちらのクラスでも自分から進んでほかの子どもとコミュニケーションをしようとしない。しかしその顔は思慮深げで、それぞれまじめにノートをとり、英語の文をシートに書き写す活動にも熱心に取り組むという様子がそっくりだ。また別の一卵性の男の子のきょうだいは、いずれも絵に描いたようなお調子者で、すぐにみんなを笑わすような発言やふるまいをして、しばしば教師を手こずらせる。そして授業に飽きてくると、一方は机の陰でマンガを読み出し、もう一方は手で隠しながらノートにマンガを描き出す。ほとんど同じ時刻にトイレに行くと言って教室を出てきてしまったのもこの2人だった。またもう1組の男の子のきょうだいは、子どもながらにふてぶてしく、椅子にふんぞり返って、眼だけがいつも周りをぎょろっと見つめている。しかもなかなか整った顔立ちで、その存在感は教師から見ても何か際立ったものがある。授業中の先生からの質問にはわかっているのかわかっていないのかわからないようにのらりくらりと答えるのだが、休み時間の子どもたち同士の会話を聞いていると、彼がクラスの子どもや先生の人となりを実によく観察していて、その言い方が大人でも怖くなるほど本質をついていることがあり、一見周辺的な存在のようでいて、男子の中では影の中心的な存在として一目置かれるようになっていった（これらの事例は次節で改めて触れる）。そんな「人間性」のあり方がそっくりなのだ。

ある人気科学バラエティ番組の収録で

一卵性のふたごが、いかにも「ふたごらしい」という印象を持つのは、こういう出来事に出会ったときだ。時には、似たような場面でほとんどまったく同じ話をしていることもある。あるテレビ局でふたごをテーマに番組を作るというので、その製作に協力した。それはかなり大がかりな2時間枠の特別番組で、超売れっ子の毒舌司会者の人気科学バラエティ番組ということもあり、大きな製作費のもとで、ふたごの子どもたちに3泊4日でキャンプ生活をしてもらい、その様子はずっと録画されるというものだった。ここで、駆け出しの研究者には絶対にできないような経験をすることができた。

小学4年生から6年生までの9組の一卵性のふたごのきょうだいが、東京で集合して別々のバスに乗り込む。その後、高速道路のサービスエリアで食事をとり、富士五湖の1つである西湖のほとりにある、互いに2キロほど離れたキャンプサイトにたどり着く。4日間、ジェットコースターや乗馬やカヌー乗り、また買い物やカレー作りやバーベキュー、さらには肝試しや、果ては〝ソーセージ〟作り（寒いダジャレである）など、さまざまな活動を同じようにして過ごしてもらった（遊園地でのアミューズメントなどの企画は、前後に時間差を設けて、互いが出会わないようにした）。引率役のお姉さん2組も成人の一卵性という徹底した状況設定である。その間、お互いの接触は、（後で紹介する一番最後の入れ替え実験を除いて）一切ない。

キャンプサイトに向かう高速道路のサービスエリアで昼食のために下車して（ここでも2組がかち合わないように、1時間ほどの間隔が置かれていた）、レストランに向かっている途中、最年少の女の子が、どちらも駐車場の外れにあるドッグランにいる犬を指さして「あっ、犬だ！／あそこに犬がいる〜」と声を上げた。この子らは集団で歩いて移動するときは、必ずといっていいほどいつも先頭に立とうとする点でもよく似ていて、移動のときにみんなから出遅れると、一番先の位置まで走っていくので、密かに「先頭を駆ける少女」とあだ名をつけた。これは彼女たちがそれぞれ集団の中で1人だからわかるが、もしいつものように2人一緒にいたとしたら、どちらが先頭になるのだろう。

ただ1組、関西方面から参加した小学5年生の男の子のきょうだいは、言葉がなじめないせいか、いつも集団から一歩離れたところにいて、どこか不安げである様子が似ていた。真夜中に行った肝試しのとき、ほとんどの子どもは強がりなのか本当に怖いと思わないのか、おもしろがって出発していくのに、この子たちはスタッフが出発を促すと、どちらも本当にびくびくしながら「こ、こわいな……／こわいわ……」と、まったく同じように弱々しい声をもらした。また、世界で一番落差の大きいのがウリの巨大ジェットコースターに1人で乗せられたときは、最初に車が高い位置まで引き上げられる急坂に一定間隔でつけられている高さを示す表示に気づいて、「（いま）50メートルか……」と不安げにつぶやくのも同じだった。ちなみに「先頭を駆ける少女」たちは、ジェットコースターでは終始大はしゃぎで、最大の落下地点では少しも怖がることなく、急降下のときに両手を上げて絶叫するのを楽しんでいたのだが、肝試しでは一転して、恐怖心が強すぎるのか引率役のお姉さん（これも一卵性のペアだった）の膝の上に乗って毛布をかぶってしまうという行為がまったく同じだった。その行動の一致も興味深いが、同じ「恐怖」でも、ジェットコースターのような身体感覚に訴える恐怖と、肝試しのようにイマジネーションに訴える恐怖は、心理的にも遺伝的にも別のメカニズムによって支配されているらしいと思わされる出来事だった。

言われなければ感知できない差異

この企画で最も印象的だったのは、最終日にふたごたちの約半数を入れ替えたときだ。子ども4組、大人1組を、ほかのふたごたちに知られないようにこっそり入れ替えて、そのほかの残ったふたごたちが、いつ入れ替わったことに気づくか試してみようという趣向だ。これはスタッフたちの間でも、すぐ気づくという人たちと、いや気づかないという人たちとに分かれたので、それでは賭けをしようということになった（ちなみに筆者は「気づかない」というほうに賭けた）。いくら一卵性とはいえ、3泊4日一緒に過ごして、互いにかなり気心も知れるようになっていたのだから、入れ替わっていれば、ちょっとした雰囲気の違いに敏感に気づくだろうとも思えた。しかし、入れ替わった後もそれぞれのチームのみんなでゲームや歓談などをして、互いに触れ合う時間はかなりあったにもかかわらず、１時間たっても入れ替わったことに誰も気がつかなかったのだ！　とくに入れ替わった大人の女性のふたごは、一方の人だけが髪の毛を少し赤く染め、爪にはマニキュアもしていたのに、それでも周りは誰も気づかなかった。とうとう、しびれを切らしたスタッフから両方のチームに「みなさん、この中にニセモノが混じっています。さあ、誰でしょう」と声をかけねばならなくなった。

ここでさらにおもしろいのは、「ニセモノ」がいることを知らされた後は、その入れ替わった人たちに気づくのには、さほど苦労はしていないようだったことだ。これはつまり、言われてみればもう一方のふたごのきょうだいであることを察知できる程度の差異はあるにもかかわらず、その差は言われなければ感知できず、むしろ同じ人のままであり続けていると感じられる程度のアイデンティティを、一卵性双生児のきょうだいは示し続けていたということである。そう言われれば、一卵性のふたごでなく同一人物でも、体調が悪かったり何か心の中で変化があったりすると、家族や恋人、親しい友人で、ある程度普通の人ならば、そのちょっとした違いに気づくことができる。つまり「いつもとどこか違う」と気づくだけの感性をたいていの人は持ち合わせているものだ。だが、その感性も、受け取り手が忙しかったり、自分自身に心配事があったりして、ほかのことに頭がいっぱいだったりすると鈍ってしまい、他人のそのような変化に気づかなかったり、潜在意識の下に沈んで、後になって、そういえば……と思いつく程度にとどまってしまうことがある。

一卵性双生児のきょうだいの差異に気づくには、そうした同一人物の中に生ずる微妙な心の働きの差異が作る印象の違いに気づくのに等しい繊細な感性が求められるのである。そして、それでも通常はそれがまったく別人であることは想定されていないから、同一人物の中で変化し得る範囲であると見なして、自動的に同一のアイデンティティをその人の中に見出す。そうした他者認知を私たちはしているのだろう。一卵性双生児のきょうだいが示したこの例は、彼らがそれぞれ独立した人格を持ちながらも、その差がほとんど同一人物でも生ずる違いの範囲内にしか他者からは認知されない程度だということを意味していると言えよう。

遺伝子が人間の個性に与える影響

一卵性双生児の間のこうした類似行動の事例を挙げていけば、実のところ、きりがない。そしてこうした逸話だけを立て続けに聞かされれば、ふたごはいつも同じことを考え、同じふるまいをしているという「ふたご神話」をまことしやかなものにしてしまうだろう。そしてそれは世俗のふたごに対する興味を満たしこそすれ、科学的な議論としてはかえって「いかがわしさ」を漂わせるだけになってしまう。その中には偶然の一致や、先に述べたような、見る側が勝手に「似ている」と思い込んでいるから見えてしまう錯覚、そして同じ環境で育っていれば一卵性双生児でなくとも学んでしまう結果、当たり前のように類似してしまうかもしれないことがいくらでも入り込んでおり、それらと峻別することができないからだ。

だが、こうした印象的な事例に数多く遭遇してきている行動遺伝学者から見たとき、逸話的な事例は、「ふたご神話」を世間に垂れ流すための素材でもなければ、いかがわしい偽科学でもなく、「科学的」に興味深いものだとも思われるのである。なぜならこの世にただ２人の、互いに遺伝子を、そのすべてにおいて共有する人物同士が示す類似性の中にこそ、遺伝子が人間の個性に与える影響、そしてそれを通してその人の人間関係と社会経験に遺伝子が及ぼす影響、そしてさらに遺伝子が具体的な人々の行動を通じてある特定の社会や文化を作っていく様子、つまり人生と社会に及ぼす遺伝子の影響が、最も明確に具体的な形で生命の中に現れた姿だと言えるからである。

こうした事例から何が言えるか考えてみよう。

特異性、時偶性、予測困難性

第１に、こうした現象は、それぞれのペアに個性的・特異的であるということ（特異性）。ペアごとの顔立ちが個性的で他のペアとは違いながら、ペア内の２人の間では似ているのと同じように、ふるまいや発言もペアごとに異なり、ペア同士では類似していて、その類似性に一般的な特徴や傾向を見出すことが難しい。たとえば退屈な場面とか恐怖の場面とかでなら、ほとんどあらゆる人々が同じ行動をとる（退屈な話をずっと聞かされれば誰でもうつろな目をし、えぐいホラー映画を見れば誰でも心臓がドキドキして顔がこわばるというように）ということがあるが、ここで挙げたようなある特定の場面で、どの一卵性のペアもそれぞれに同じ類似した行動をするという一般的傾向があるわけではない。あるペアは退屈な教室場面で同じようにマンガに関心を示し（他のペアではそれぞれ別のことをしている）、別のペアはお化け屋敷に行こうとするとき、同じように「こわい」を口に出す（他のペアはそれぞれ異なるリアクションをする）のである。

第2に、こうした類似行動は、いつも必ず現れるわけではなく、むしろ「ときおり」現れるということ、言い換えれば「ときおり」にしか現れないということだ（時偶性）。だから一卵性のふたごが同じことをしたり言ったりすることを期待する人には、むしろ「そんなに似ていないじゃないか」という失望を与えるほどである。

第3に、こうした特異的類似行動の出現は「予測困難」であるということである（予測困難性）。どのペアがどこで類似行動をとるのかは、少なくとも研究者が多少のデータを集めたところで、あらかじめ予言することはできない。とはいえ、まったく不可能というわけではない。家族や親友のようにかなり親密な関係となって、日ごろの2人の類似性を比較的頻繁に知ることができれば、ある程度のあたりはつけることができる、その程度のペアごとの一貫性はある。だから予測不能性ではなく、予測困難性なのである。

類似行動は自然に出てくる

テレビ局から、ふたごの番組を作るのだがどんな実験をすると似ていることを伝えられますか、と尋ねられることがしばしばある。こちらは心理学の専門家、ふたごの専門家だから、ある特定の状況や実験場面を設定すれば、ふたごのすべてに類似行動が出やすい場面というのがあるのではないかと、どうやら期待してくれているようである。そういうときは、「特別な実験などしなくても、同じ場面状況を作って2～3時間、別々に自由にふるまってもらえば、似ている場面は自然と出てきますよ」と提案することにしている。初対面のふたごの人たちによくやってもらうのは、食べ物を囲んでのパーティーである。昔から言われているように、見知らぬ人たちが最初に心を開きやすいのは一緒に食べ物を食べるときだからだ。できれば着席して一人ひとり別々に食べるのではなく、立食か大テーブルをみんなで囲むようにして、鍋パーティーや手巻きずしパーティーなど、食材まで自由に選べて、「ビール、もう1杯いかがですか」とか「そのお皿、取っていただけますか」のように、互いのやりとりが自然と生ずるような状況がよい。そうすれば、ものの1時間もたたないうちに、自ずとそれぞれの性格が現れ、それぞれのペアの類似性が出てくる。

しかし、それが特異性と時偶性と予測困難性を帯びているのだ。つまり「ときおり」で、いつ、どのペアに、どのように現れるかが予測できない。むしろほとんどの場面で、それぞれは独自に違ったことを違った形でしている。だからこのようなとき、テレビのディレクターの顔にはいささか当惑と失望の表情が現れ、似ている行動を録画することに失敗したと思うらしい。ところが録画ビデオを後から丁寧に見直すと、話しながら無意識に動かすちょっとした手のしぐさ、乾きものばかり選んで食べる趣味、鍋奉行になる、黙って食べる、みんなにいつも気を使って食べ物を取り分けてあげる、気が合って一緒にいるようになる……など、いろいろな場面でいろいろな類似性が見つかる。同じふたごがカラオケで同じ曲を選び、同じところで間違える場面や、3組のふたごたち（A、B、C）がA「僕、群馬に住んでるんだ」、B「へぇ、群馬なんだ～」、C「なになに、群馬？　この前、行ったよ～」の順番に会話が展開するのが同じなど、おもしろい一致も「ときおり」見つかるのである。

ささいな類似性が異なる行動を生む

こうした個性的で時偶的な特異的類似行動は予測も一般化も難しい。どのくらい類似した行動がどのくらいの頻度で起こるのかもよくわからない。だから科学の俎上に載りにくいと言える。また、その社会的意義や価値も、必ずしも大きいものばかりとは言えなさそうだ。あまり勉強好きでない落ち着きのないふたごの子が、教室でどちらもマンガに熱中していたとか、同じ時刻にトイレに立つというような行動は、それでも「注意力」「集中力」「勤勉性」といった一般的な性格特性のあるレベルを反映したものとして解釈できる。それはひょっとしたら、その人の生き方を特徴づけるような深い意味を導くことがあるかもしれない。しかし一方で、ちょっとした手のしぐさのような、おそらくはたいして社会的には重要でないような特徴にもそれは現れる。ただいずれにせよ興味深いのは、それらが実験室の中で隔離された出来事では

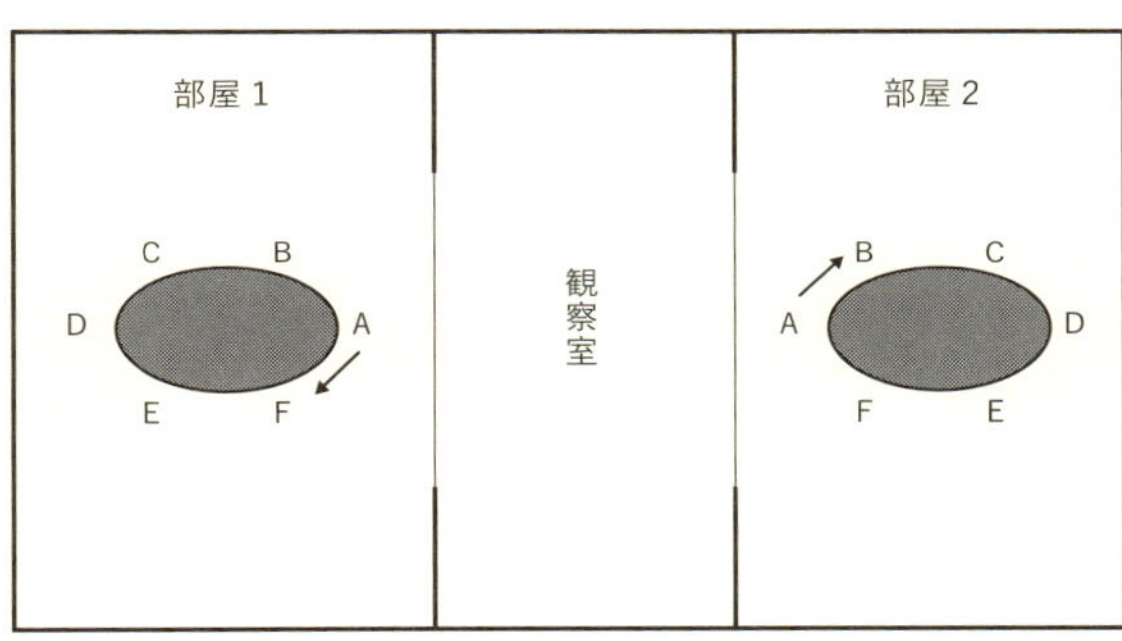

図 2-7　ふたごの行動の類似性を見るための実験室

なく、実生活の中で実際に起こるということである。

このようなささいな行動の類似性は、その類似性ゆえに逆にふたごのきょうだいの間で異なる状況を作ることがある。このパラドクシカルな現象について、その文字通り本当に「ささいな」例を挙げよう。これも一卵性のふたごを別々の部屋に分けて、同時に同じことをしてもらったときの出来事である。ふたごのいる２つの実験室は、その真ん中に位置する観察室からそれぞれワンウェイ（マジック）ミラーで見ることができるようになっていた。男女３人ずつのふたごの人たち（A〜F）には、テーブルを囲むように、図２−７の配置で並んで座ってもらった。この並び方は時計回りで見たときには左右逆転するが、真ん中の観察室から見て相同になり、２人の類似性や相違を見つけやすいと思ったためだった。ところが、このように並んだことが微妙な差を生んだ。一番手前のAのペアは、どちらも右足を左足の上に組むくせが同じだった。すると部屋１では体はFに、部屋２では体はBのほうに向く。その結果、会話する相手が異なってしまうのである。そうすると、自ずと会話の中身や会話が弾むかどうかなど、Aの行動は異なり、このグループの人間関係も微妙に異なってきてしまった。

環境条件に還元されない内在的な駆動因

このようにとてもささいな出来事であるが、日常生活の中に生まれるちょっとした類似性が異なる行動の連鎖を生むことの実例である。ここに、一卵性のふたごが、互いに行動上の類似性がありながら、ともすれば異なる経験が生み出されるメカニズム、あるいは逆に異なる経験の連鎖の中に気づかぬうちに類似性が埋め込まれている可能性を垣間見ることができる。それはあたかも複雑系におけるアトラクターのような不動点をなし、無秩序な日常場面の出来事の連鎖に翻弄され、どんどん散逸していってしまいそうな一人ひとりのふるまいとそれが作り出す人生に、「その人らしさ」という、ゆるく漠然としながらも、まさにその人をその人たらしめる内側からの秩序を与えてくれる遺伝子の働きを説明するヒントを与えてくれているように思われる。

人間の行動の源泉に遺伝子を想定することの意味もここにある。環境と絡まり合い、その生命としてのプロセスを多様に、そして常に動的に変化させながらも、環境条件に還元されない内在的な駆動因を想定させられること、そしてそれが生命のあらゆる諸相を作り出す、40億年の来歴を持った遺伝子に由来するものであることの意義を読み解く契機が、双生児の類似性にはあるのである。

3　行動記録はどのように類似性を表現しているのか

連立方程式を解いてもらうと

前節では、実際の生活場面の中で垣間見られる双生児の類似性の逸話を紹介した。これらは科学的データとは言えないが、遺伝子が社会的行動に及ぼす意味を読み解くうえで、極めて示唆に富むものと常日頃考えていることなので、あえて紙面を割いて書かせていただいた。この節では、さらにもう少し科学的なデータとして、双生児の行動上の類似性を表す事例を3つ紹介したい。

1つ目は中学1年生の双生児8組が同じ数学の二元連立方程式を使った文章題「2けたの数がある。一の位と十の位の数を足すと7になり、一の位と十の位を入れ替えた数との差は27となる。その数を求めよ」を解いたときの回答例である（図2－8）。まずこれらを「絵」として見ただけでも、ペアの類似性を見出すことができることに気づくだろう。ペアAやペアDは用紙のほぼ中央の上から回答を書き始め全体としては右寄りに収める書き方をする傾向があるが、Aは行間を広く、Dは行間をつめてとるという点で、それぞれ個性的に似ている。ペアEとペアGは、いずれも用紙の上から行数を少なく簡潔な解き方をしているが、Eは用紙中央に、Gは左寄りにこじんまりとまとめている。また、連立方程式にカッコをきちんとつけるか（C、E、G、H）、つけないか（A、D）が一致している。さらにペアDはいずれも書き間違いを横線で消す行動が似ている。ペアEは連立方程式の第2式の立式は異なっているが、その後各式を2回変換してyの解を求め、xを求めるための式は書かずに暗算で求めて、右脇の余白に確認の計算のあとを残し、yの答えを上に、xの答えを下に書くというプロセスが同一である。ペアGは第1式にほかの誰もしたことのない変換をして、最も効率的に回答に至っている。

ここでも、類似性はペアごとに特異的であり、すべてのペアに必ず類似性が現れるわけではないという意味で時偶的で、この問題の解法過程でどのペアにどのような類似が出るかは予測困難である。このような類似性のうち、たとえば連立方程式のカッコをきちんと書くか書かないかについては、それを厳しく指導する同一の先生に習った結果かもしれないし、そもそもカッコをつけるという明らかに学習したことを、その通りにできる学力が類似していたからだとも言える。こうした事例に対して、「カッコつけ遺伝子」があるなどと荒唐無稽なことを言うわけでは、決してない。しかし逆に言えば、このような学習によるパフォーマンスの個人差にも、一卵性双生児間にはある程度高い類似性を示す程度にはさまざまな遺伝子の複雑な影響

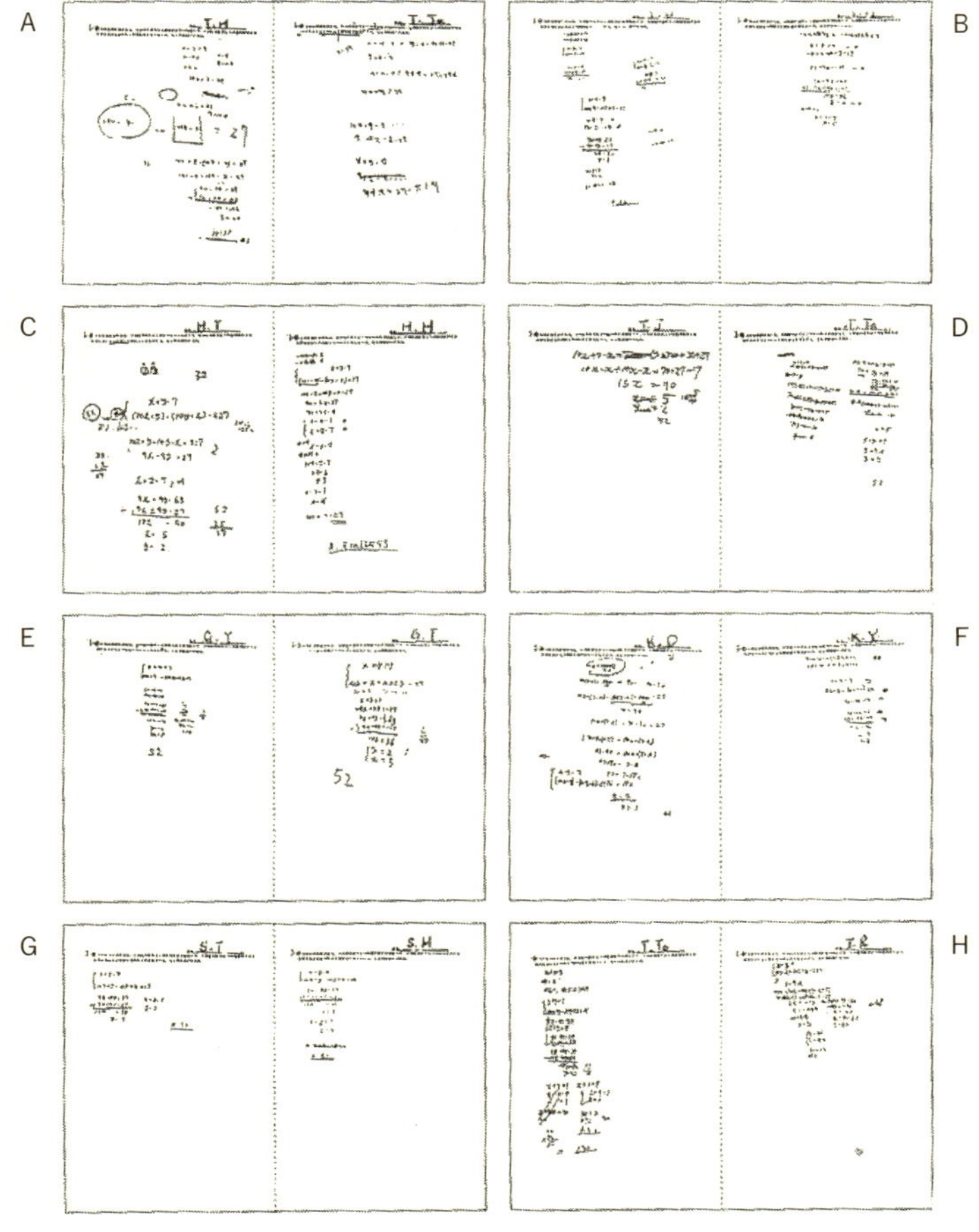

図2-8　双生児のペアごとの答案

が一定の機能を果たしながら侵入していることを推察できる。

英語の授業を観察すると

2つ目は前節でも紹介した小学生の双生児に行った英語教室での観察記録である（表2－1）。これは別々の教室に授業アシスタントとして関わった別々の人物が、英語の授業の指導者も務めながら、いわゆる参与観察によって、子ども一人ひとりについて、その子らしさの印象を自由に書きつづったものである。授業は2クラス同時並行で行っているので、いずれの観察者も別クラスにいる双生児のきょうだいの行動は見ていない。つまり純粋に独立の立場で、1人の人間を前にしたときに受ける「その子らしさ」を素朴に記述したものだ。ここではそのうち2組の一卵性双生児（MZ1とMZ2）についての記録を対照して見てみよう。これは先の例と違い、問題解決のプロセスというよりも、ある特定の状況下に垣間見られる「人柄」「雰囲気」といった漠然とした印象の類似性である。

人がある特定の限られた状況に置かれ、そこで一定の立ち位置をもってふるまうようになると、少なくともその人のことをそれまでに知らなかった場合でも、その様子を1～2時間も眺めていれば、だいたいの「その人らしさ」を把握することができるようになるものだ（もちろん勘のいい人ならば一瞬のうちに感知し、表現することすらできるだろう）。そしてそのような「その人らしさ」の印象は、これもおおむね誰が見ても同じようなものになる。もちろんここでも人

表2-1　一卵性双生児の教室での観察記録

	C群児	G群児
MZ1（女児）	•とにかくおとなしい子である。……わかっているようだが、とくに速いわけでもなく、マイペースである。（第1日：A） •おとなしい……キョロキョロまわりを見ることが多い。（第2日：R2） •まじめ、おとなしい。先生の話はよく聞く。あまり笑顔ないが、ゲームでは積極的。（第2日：R4） •積極的な発言は皆無。クラスの仲間にとけ込むのが苦手、というように受け取れる。（第4日：T） •おとなしい。その点はあいかわらずである。グループは女の子だけだったのでよく話したりしていたが声は小さい。やるべきことはきちんとこなしている。（第5日：A） •みなから「絵がかわいい」といわれて（注：授業の中で家族の絵を描いた）うれしそうだった。といっても黙ってにっこりするだけなのだが。（第6日：A）	•おとなしい。あまり動かない。グループ中でのゲームでもあまり目立たない。（第1日：R1） •先生をよく注目している。それゆえ発言している子どもを振り返って見ることはめったにない。あまり周囲になじんでいないし、まわりをかなり気にしているようである。（第2日：R3） •自分から口を開いてどうこうすることはないけれども、ゲームのときは必ず参加して作業をしている。（第3日：A） •おとなしいグループにいたがいつもマイペースなので（というより外的影響を受けないので）特別な変化はない。（第5日：A） •interviewのときひとなつっこい笑顔を見せてくれた。うまくいかないとテレたように笑った。（第6日：T） •おとなしく、しかし着実にやっている。（第8日：R1） •テスト中でもいつもは視線だけキョロキョロとしていたがきょうは友だちの話に耳を傾けて楽しそうに話をしていた。（第9日：A）
MZ2（男児）	•終始ニヒルというかふてくされているというか無表情、つまらなさそう、オレには関係ネェ、なにやってんだという感じ。主体性を感じない。（第1日：T） •姿勢よくない。先生のほうを見てはいるがほかもキョロキョロ見る。全体的に超然としている。（第2日：R5） •相変わらず第三者的である。（第2日：A） •クラス全体が大盛り上がりの様相を呈している中で、イスの背もたれにドタッとよりかかって「んー、んー」という感じで、マイペースを守っている。（第3日：R5） •ゲームのとき2つの班が同点になりそうになったとき「Noとうそつけ」と私にいった。私が正直に「Yes」というと「おめー、No っていえよ」と激しくいった。（第3日：A） •板書書写はきれい。（第4日：R6） •口数は少ないが発することばは決して空回りすることなく真をついていて、誰かしら反応するようだ。こんなに静かなのに無視されたりいじめられないのだ。（第5日：A） •KR（もう1組の双生児でG群のKY兄弟）と仲がよい。よくしゃべっているようだ。……力が強いのでこわい。（第8日：A） •休み時間は別人のように元気がいい。字はとてもしっかりしている。（第8日：T）	•おとなびた感じがする。むっつりした感じ。（第1日：T） •悪くいうと子どもらしさに欠け、無表情に見えるのでこちら側の反応がしづらい。（第1日：A） •先生の話すほうをよく見ているが周りが気になっているので視線がチラチラとよく移る。（第3日：R6） •黒板の字はとてもきれいに写していた。線がひとつひとつ丁寧でアルファベットのまちがいはなかったようだ。（第3日：A） •KYと2人でいたずらすることが多い。たまにきつい言い方（「バカじゃない」「くだらねぇ」）をすることがあるが、悪意は感じられない。……けっこう私がマニュアルを見ていることに気づいて「それをみなきゃできないの？」という冷たい言い方をされてしまった。（第7日：A） •乱暴。……KYとは結構仲がよいらしく、私をいじめるときは一緒に行動してくる。……何を考えているのかわからないような目で非常に荒っぽくいじめてくる。目がこわい。（第8日：R6） •理解しようという姿勢に欠く。いったんわからなくなると授業がつまらなくて泥沼式にわからなくなるというパターンだろう。（第10日：A）

T：そのクラスの担当教師、A：そのクラスのアシスタント、Rn：観察者（nは観察者番号）

を見る感性の鈍い人であれば、その印象のきめの細かさにはある程度の隔たりが出てくるが、ここで示すように、MZ1のペアでのおとなしいがしっかり勉強をする感じ、MZ2のペアでの子どもながらにも威圧感や人間的重厚さを感じさせる雰囲気という点が共通している。

こうした事例で特筆すべき点が2つある。1つは、これが異なる参与観察者が独立に抱いた主観的印象という点で共通していること、その意味で間主観性を持つということ。もう1つはそのような間主観的な印象が、参与観察という観察対象者に対してある一定の社会的役割を持って（この場合は授業アシスタントとして）主体的に関わった人が抱いた印象であり、それはとりもなおさず、その観察者が対象者と結ぶ社会的行動に即座に影響するような印象だということである。人が他者に対して持つ対人認知は、傍観者として関わるか、直接の関与者として関わるかで大きく異なる。傍観者としてだけ眺めていたときには、ただのきついだけの人だと思われていた同じ行動が、直接関わる立場から見るとその背後に優しさを感じ取れるなどというような、認知の違いがあるものだ。ここで一卵性双生児のきょうだいに対して抱く、そうした直接的なエージェントとしての印象に間主観的な一致が見出されるということは、そしてその一致の原因に遺伝要因が関与しているとすれば、それはとりもなおさず遺伝の影響がその人物を取り巻く社会的関係に対して、何らかの共通した効果を及ぼす可能性を示唆していると言えよう。

グループで絵を描いてもらうと

３つ目の事例は、双生児の行動を、個人としてではなくグループの共同作業の中でとらえようとしたときに見られたものとして興味深い事例である。これは３組の５歳の双生児きょうだいが、別々の部屋の中で３人で共同してある課題（ここでは「３人でお菓子の家を話し合いながら描いてください」）を課したときに描かれた作品の比較である（図２－９）。Ａは一卵性きょうだいのグループ、Ｂは二卵性きょうだいのグループで、それぞれ３人で共同して描いた絵だ。ご覧のように、全体的な構図が一卵性の作品同士で二卵性の作品よりも類似しているのも驚きだが、一卵性では３人のうちの同じ２人がとくに話すこと、その話し方が「ねえ、何を描こうか」という問いかけや「ここにも窓を描こうよ」という提案などのような明確な社会的意味を持つ発言というよりは、集団的独語（集団の中で誰に対してというのでもなく「アメの絵を描こうっと」のような独り言を言うこと）になること、大屋根やチョコレートのドアを描いたのが同じふたごきょうだいであったこと、また３人が机に向かってどの位置にいるかまでが同じであったことなど、さまざまな類似性が見られた。これに対し、二卵性では片方は３人の中でよくイ

A

B

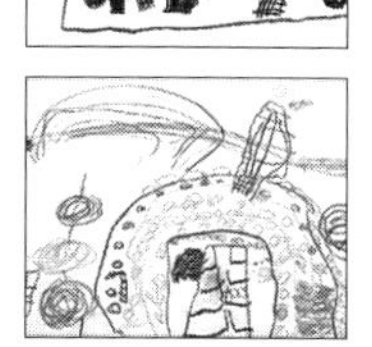

図2-9　ふたごがグループで描いた絵

A列の2枚は一卵性きょうだいのグループ、B列は二卵性きょうだいのグループによる

ニシアチブをとるが、もう片方はずっとだんまりだったというように、ペア間での類似性を見出すことは難しかった。このようなプロセスの結果として描かれた最終の絵において、一卵性の類似性、二卵性の差異が見出されたのである。

この実験の興味深く重要な点は、遺伝子が行動に及ぼす類似性が、個体レベルのみならず集団レベルにも現れるということだ。これはとりもなおさず、社会の中で人々が共同で生み出す所産にも遺伝の影響が現れる可能性を示唆するものである。

集団が異なれば、その構成員は異なり、その構成員を作る遺伝子の種類も異なる可能性がある。その遺伝的特徴の差が社会的意思決定や意識されない好みの選択の差に影響を及ぼし、集団ごとに異なる文化の差異を生み出しているかもしれない。今日の遺伝子研究では、さまざまな個別の遺伝子の型について、その頻度の分布が人種によって異なることも明らかになってきている。たとえば不安や神経質に関わる可能性が指摘されているセロトニントランスポーター遺伝子5HTTなどでは、不安を高める遺伝的傾向の大きい人々の多い地域（おおむねアジア）のほうが、不安を低める遺伝的傾向の大きい人々の多い地域よりも、うつ傾向が高いなどの関連が指摘されている。[21]

4　ふたご自身はどのように類似性を認知しているのか

行動・発言の一致、病気・身体の類似性

これまでふたごがどのように「見られて」いるかを中心に述べてきた。では、当のふたごたち自身は、自分たちのことをどのように見ているのだろうか。成人した双生児２００人に「自分たちがふたごだなぁと思う経験にはどのようなものがありますか」と尋ねたアンケート項目での自由記述による回答を見てみよう（表２－２）。

この問いはとくに「似ていると思った経験にはどのようなものがありますか」と聞いているわけではないことに注意してほしい。だからそこには「一緒にいて一番楽しい」「何も言わなくても、会わなくても心が通じているように感じる」といった相互理解の気持ちなども吐露されている。この文章だけを読めば、そのような相互理解や一体感はふたご以外の親しい家族や友人、そして恋人、夫婦の間にもある程度あり得ると思われるかもしれない。しかしこの項目は、同じように家族、友人、配偶者などを持つふたご自身が、それらと比較しても、これが「ふたごらしい」と自ら思う出来事として書かれている。このように、おそらくは「ふたごなら で

表2-2　「自分たちがふたごだなぁと思う経験」へのカテゴリー別回答例

相互理解	• 一緒にいて一番楽しい。 • 自分または双子の発言等が、家族ですら理解できないのに、双子同士では理解できる点。 • 主語など文章としてなりたっていない会話でもちゃんと相方が何を言っているのか理解できる。 • 根拠なく信頼できる相手がいるという安心感が常にある。 • 最近はかれこれ数十年間、ケンカもせずに仲良くやっていること。 • 何も言わなくても、会わなくても心が通じているように感じるとき。 • 連絡をしなくてもお互いが元気かどうかが何となくわかり合えているような安心感がある。 • お互い本音で言い合ってケンカになっても、すぐに仲直りできていたりすること。
行動一致	• 別の日に同じ雑誌の同じページの髪型を別の美容室でお願いしたとわかったとき。 • お酒を飲むペース、お手洗に行くタイミングが同じとき。 • 休日に目を覚ますタイミングが同じとき。 • 修学旅行のおみやげで、話し合ったわけでもないのに、同じ物を買ってきた。 • 同じころ、同じ眼鏡店で同じ眼鏡を購入し、同じ眼鏡ケースを選んでいた。 • 別々に暮らしている双子の弟が、まったく同じ腕時計を持っている。 • 姉の配偶者の名前、年齢、身長、学歴などが自分の恋人と似ている。 • 正月の玄関飾りが双方独立後、値段、製品、形とも、同じ店で別々に購入したのにかぶり続けている。 • 結婚後、住んでいる所は近所でもないのに、外出先で偶然会ったことが数回ある。 • テレビを見ているときに同じタイミングで同じ反応を示したり、買い物をしているときに同じ服をこれ良いねと言ったりする。 • 一緒にお笑いのテレビを見ていたとき、笑うタイミングが一緒で笑いのツボが同じ。
発言一致	• テレビを2人で見ていて同じコメントをして共鳴したとき。 • 高校生のとき、帰宅途中に寄る店で似たようなクレープを食べ、話す内容が同じ人物のことだったり物事だったとき。 • 2人で一緒に体験した出来事を親に話すとき（2人別々に）、同じ話（話し方）をする。 • 別々に食事をとることが多いが、よく親から食事の感想が同じだと言われる。 • 昔も現在も親や友だちに同じことを聞いてしまったり、同時に声に出したりするところ。 • 現在、実家にいて家族に話しかけられたら同じ返答をする。 • ふとしたときに同時にしゃべり出す。同じ歌のフレーズを歌い出す。
病気・身体一致	• 同じ物を食べたり飲んだりして、同じように体調がわるくなったとき。 • かかる病気がほぼ同じ。10年のタイムラグがあったものの、右足の薬指を2人して骨折したことがある。 • 一緒の物を食べて2人だけ同じような症状が出たとき（第三者は別の症状）。 • いつも同じタイミングで口内炎ができる。 • 小学生のころに同じときに歯が抜けたり、風邪をひいたりしたとき。 • 生理が同じ日に来たこと。

は」の親密な一体感が、しばしばふたごの間には生じやすい。

だがやはりこの問いへの回答に一番多くを占めるのは、互いの類似性の指摘である。それらは「別の日に同じ雑誌の同じページの髪型を別の美容室でお願いした」「同じころ、同じ眼鏡店で同じ眼鏡を購入し、同じ眼鏡ケースを選んでいた」などのような行動の一致、「同じタイミングで同じことを言う」「時間差で同じことを言ってしまう」などのような発言の一致、そして「小学生のころに同じときに歯が抜けたり、風邪をひいたりする」「一緒の物を食べて2人だけ同じような症状が出た」などのような病気や身体の類似性である。こういう事例には笑い話になるようなものもしばしばある。

ある日、銀行にお金を振り込もうと思って○○銀行を探したが、見つからなかったので、交番に聞きに行った。

俺「スミマセン。○○銀行はどこですか？」

婦警さん「あなた、さっきも来たじゃない。同じこと聞いたわよ」

どうやら兄も同じ行動をとっていたらしいです。婦警さんは「ドッキリカメラじゃないの？」とビビってました。

アンケートを集計すると、ふたご自身が意識している類似性が報告されやすいのは、なぜか

表2-3　「自分たちがふたごだなぁと思う経験」への回答の比率

	一卵性	女性	男性	二卵性（同性）	女性	男性	二卵性（異性）	女性	男性	有意差
相互理解	**16%**	19%	9%	**6%**	8%	0%	**33%**	47%	11%	性差
行動一致	**60%**	63%	53%	**40%**	43%	29%	**29%**	40%	11%	卵性差
相貌類似	**5%**	6%	0%	**2%**	2%	0%	**0%**	0%	0%	卵性差
発言一致	**26%**	27%	22%	**23%**	25%	14%	**13%**	7%	22%	
他者指摘	**10%**	10%	9%	**6%**	5%	14%	**0%**	0%	0%	
病気･身体一致	**6%**	8%	0%	**4%**	5%	0%	**4%**	7%	0%	
無回答	**10%**	9%	13%	**34%**	32%	43%	**33%**	27%	44%	卵性差

購買物、衣服の選択、そして発言のタイミングや内容である。それらが比較的形となって現れ、目立つからであろう。ただアンケートの記述には、「性格が似ている」「考え方や感じ方が似ている」などといった漠然とした類似性を意識している記述も少なくないことから、目立たない心のうちで動いている心理的ダイナミズムまで、ふたごは何らかの類似性を感じているように思われる。

類似性の差はあくまでも程度問題

このアンケートは、筆者らが行っている慶應義塾双生児研究に参加してくださっているすべてのふたごを対象に配布したもので、一卵性、二卵性のいずれの卵性とも、性別の別なく対象となっている。そこでこのような報告に卵性の差や性別の差があるかどうかを調べてみた。この比較は、これまでに述べた相互理解、行動一致、発言一致、病気・身体一致だけでなく、他の人からよく似ていると言われるというような他者指摘や、顔立ちが似ているなどの相貌類似、それにその設問に無回答だった人の割合についても行ってみた（表2－3）。

興味深いのは、類似性の報告が二卵性より一卵性のほうで多いのは当然として、二卵性でもかなりの類似経験はあるということである。そして卵性の差が有意にあるのは、行動一致と相貌類似（一卵性が二卵性よりも多い）、そして無回答（二卵性が一卵性よりも多い）だけであり、発言や病気・身体、そして他者指摘は、相対的に一卵性のほうが大きいものの、卵性間に統計的な有意差は見出されなかった。統計的な有意差が見出された行動や相貌の面でも、その差は決して劇的にかけ離れたものではない。このことからもわかるように、一卵性と二卵性の類似性の差は、あくまでも程度の差であり、相対的なものである。そして「ふたご」であるということが、第三者や家族・友人などからの認知だけでなく、ふたご本人たち同士の日常の中での経験から意識されることがあり、それは卵性に関わらずあり得るのである。

5　心理検査はどのように類似性を表現しているのか

パーソナリティを測定する

こうした行動の類似性をどのように説明したらよいのだろうか。本章で述べてきたように、このような双生児の特異的な類似行動はペアごとにその現れ方が特殊で異なるため、ここから

表2-4　NEO-PI-Rの尺度と項目例

神経質(N)	n1	不安	私は、心配性ではない。
	n2	敵意	自分に対する他人の態度に腹がたつことがよくある。
	n3	抑うつ	さびしい気持ちになったり気が滅入ったりすることは、めったにない。
	n4	自意識	人と接するときはいつも、人間関係でとんでもない失敗をしないかどうか心配になる。
	n5	衝動性	なにかに夢中になってしまうことはまずない。
	n6	傷つきやすさ	自分が無力だと感じて人に解決してもらおうとすることがよくある。
外向性(E)	e1	温かさ	私は、会ったほとんどの人を心から好きになる。
	e2	群居性	人混みに入ることには尻込みしてしまう。
	e3	断行性	私は、支配的な感じで、自分を主張し、強引に物事をすすめる。
	e4	活動性	仕事も遊びもゆったりとやるのが、私のやり方だ。
	e5	刺激希求性	強い刺激がほしくてたまらなくなることがよくある。
	e6	よい感情	文字通り飛び上がって喜んだことは、一度もない。
開放性(O)	o1	空想	私は、想像力が豊かだ。
	o2	審美性	美や芸術は、私にとってあまり重要ではない。
	o3	感情	強く感動するようなことがないと、人生は面白くない。
	o4	行為	私は、たいていのことを自分のやり方でやっていく。
	o5	アイディア	理論的なことや抽象的な考えにふけって楽しむことがよくある。
	o6	価値	異なった立場の意見を学生に聞かせることは、彼らを混乱させ惑わすだけだ。
調和性(A)	a1	信頼	私には、他人の意図を皮肉っぽく受け取ったり、疑ったりする傾向がある。
	a2	実直さ	私はずるくもないし、陰険でもない。
	a3	利他性	私のことをわがままで利己的だと思う人もいる。
	a4	応諾	他人と競争するよりは、むしろ助け合いたい。
	a5	慎み深さ	私は、遠慮せずに自分の才能や業績を自慢できる。
	a6	優しさ	政治家は、政策の人間的な側面にもっと関心を向ける必要がある。
誠実性(C)	c1	コンピテンス	私は、思慮深くて常識的な人間だと思われている。
	c2	秩序	私は、前もってすべて計画を立てておくよりも、その場の状況に応じて決めるほうである。
	c3	良心性	私は、のん気で、無精な人間だ。
	c4	達成追求	私は自分にわり当てられた仕事を、すべて誠実に行うように努力している。
	c5	自己鍛錬	物事を時間通りに終わらせるようにスピードを調整するのが得意だ。
	c6	慎重さ	これまで私は、結構ばかなことをしてきた。

一般的な説明原理を導き出すことは難しい。

ここで試みに、パーソナリティを測定するＮＥＯ－ＰＩ－Ｒというテストの結果を用いて、ペアごとの双生児の類似性を表してみよう。ＮＥＯ－ＰＩ－Ｒは「神経質」「外向性」「開放性」「調和性」「誠実性」の５つのパーソナリティ次元の程度を測定するものである。各次元は、それぞれ６つの下位次元からなり、それら全30の下位次元ごとに８つの測定項目がある（表２－４）。だから全部で２４０項目ものさまざまな性格の特徴を表す側面について、その程度を５段階で評定してもらったデータがあることになる。このように２４０項目で評定されたかなり細かな一人ひとりの行動や心の動きに関する評定判断が、５つの上位次元のもとの30の下位次元で構成されるという階層的な関係は、因子分析という手法によってその統計的な関連が確認されているものであり、任意に作られたものではないことに注意してほしい。それぞれの次元のパーソナリティの特徴を形作る個々の項目の回答間には相対的に高い相関があり、そこに記述される行動の特徴の背後には何らかの共通する潜在的因子があることが示されているわけだ。したがって、２４０の項目の評定値をこれら下位次元ごとに合計して30の下位尺度得点を求め、さらに５つの上位次元の尺度の合計得点を求めてそれをパーソナリティの因子得点として、一人ひとりのパーソナリティのプロフィールを描いていくのである。

一卵性(MZ)

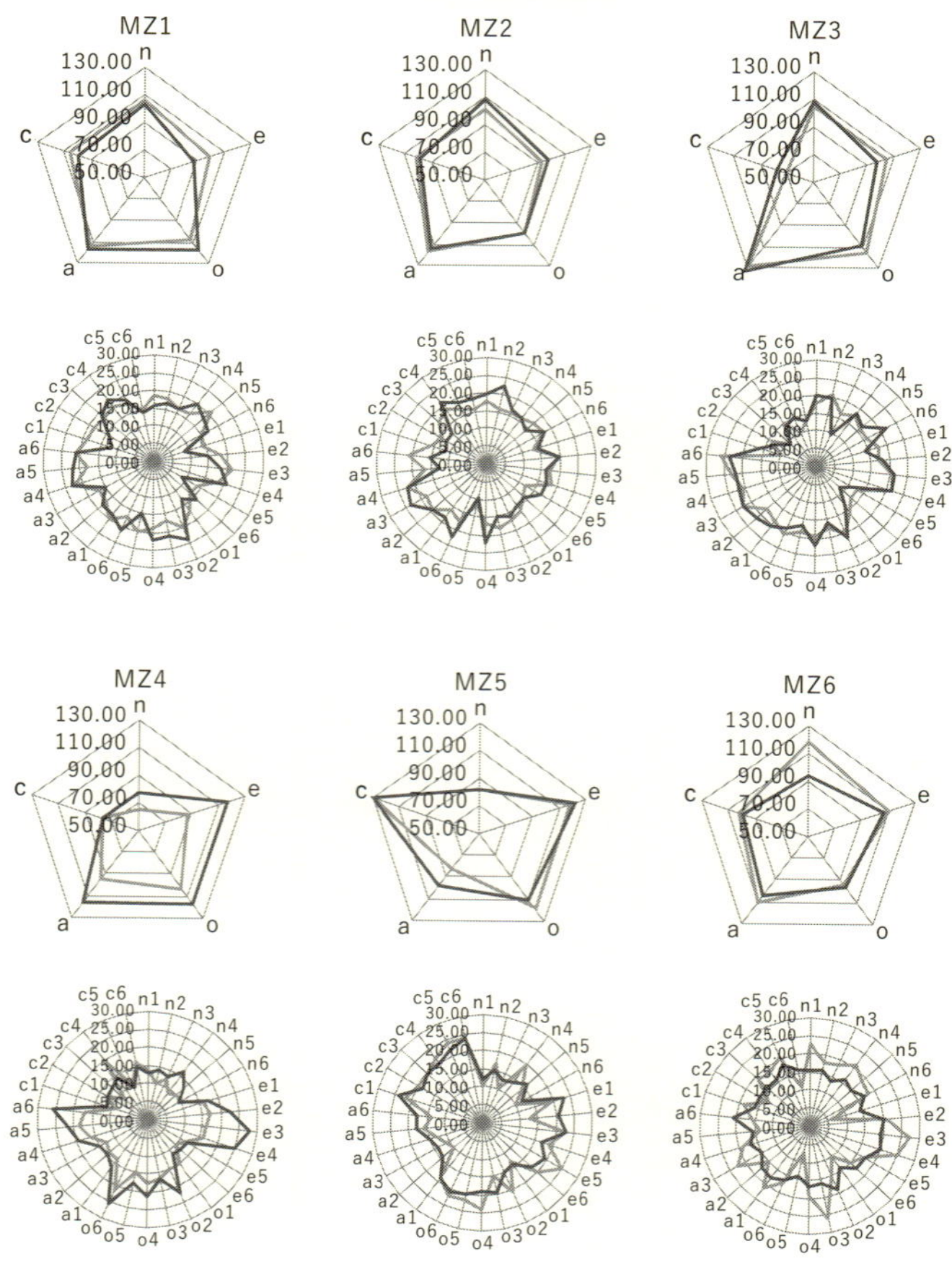

図2-10　双生児のきょうだい同士のNEO-PI-Rのプロフィール
上段は5次元、下段は30下位次元

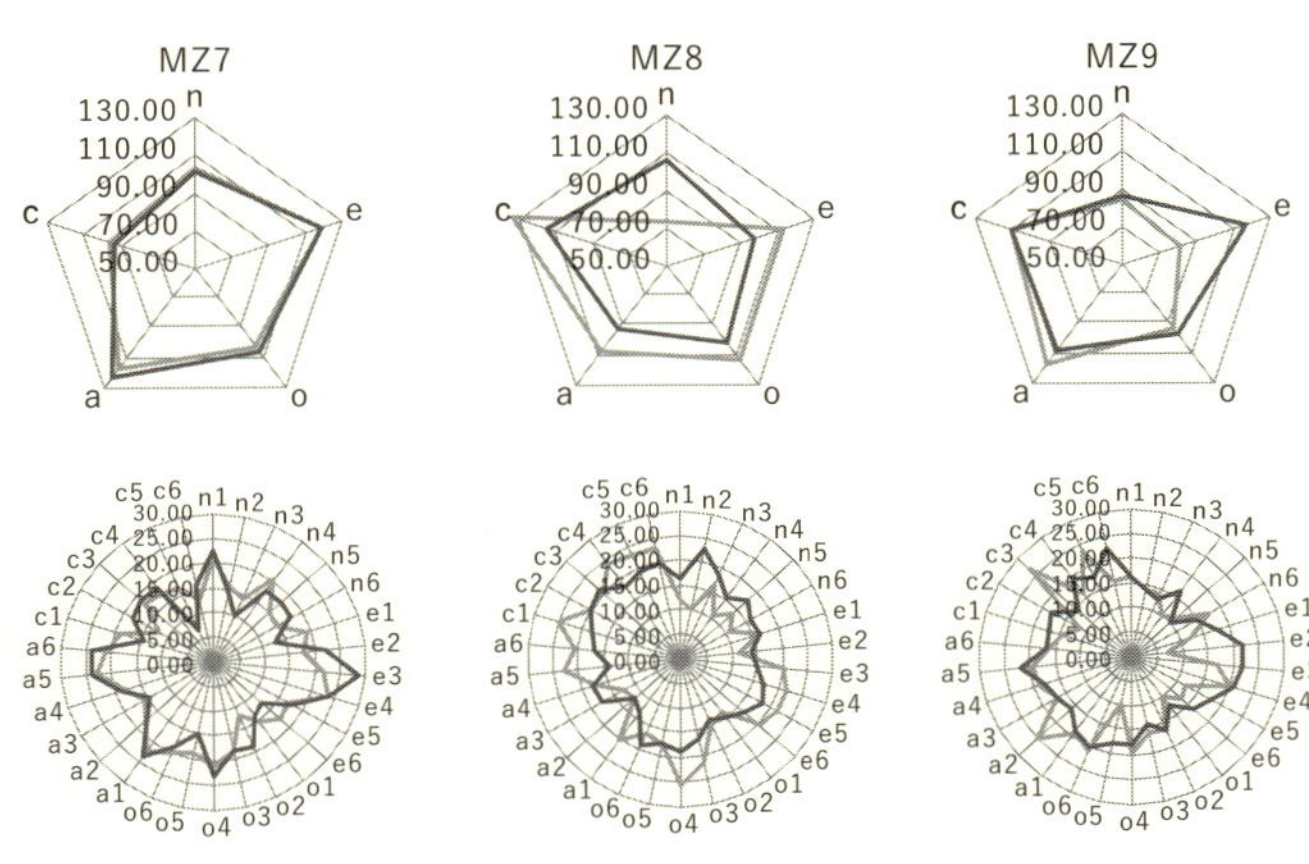

図2-10　双生児のきょうだい同士のNEO-PI-Rのプロフィール（続き）
上段は5次元、下段は30下位次元

プロフィールの形状に現れる類似性

私たちの双生児研究プロジェクトには、このＮＥＯ－ＰＩ－Ｒを約７００組の青年期から成人期の双生児きょうだいに回答してもらったデータベースがある。そこで、そのデータを利用して、双生児きょうだいのペア１組ごとのパーソナリティの類似性を眺めてみることにしよう。図２－10は、一卵性と二卵性の任意のきょうだい、それぞれ9組ずつ、5つのパーソナリティ次元と30の下位次元のレーダーチャートを、２人を比較して描いたものである。とくに5次元による五角形の形は比較しやすいだろう。

これを見ると、基本的に一卵性のきょうだいはそれぞれの個性的な形が類似しており、形に違いがあったとしても、それはMZ6やMZ9のように5次元のうちの１つだけが異なっていた

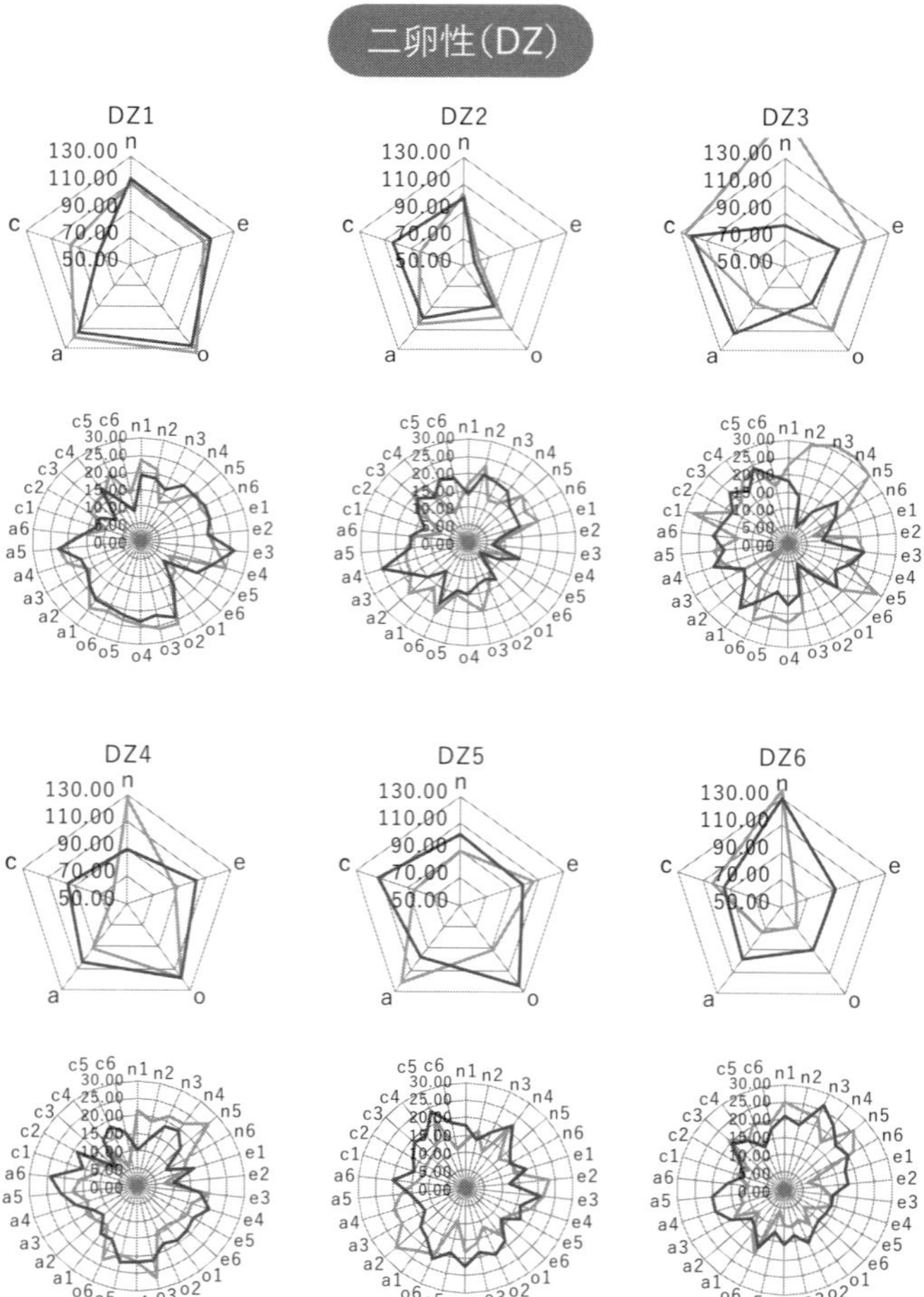

二卵性(DZ)

図2-10　双生児のきょうだい同士のNEO-PI-Rのプロフィール(続き)
上段は5次元、下段は30下位次元

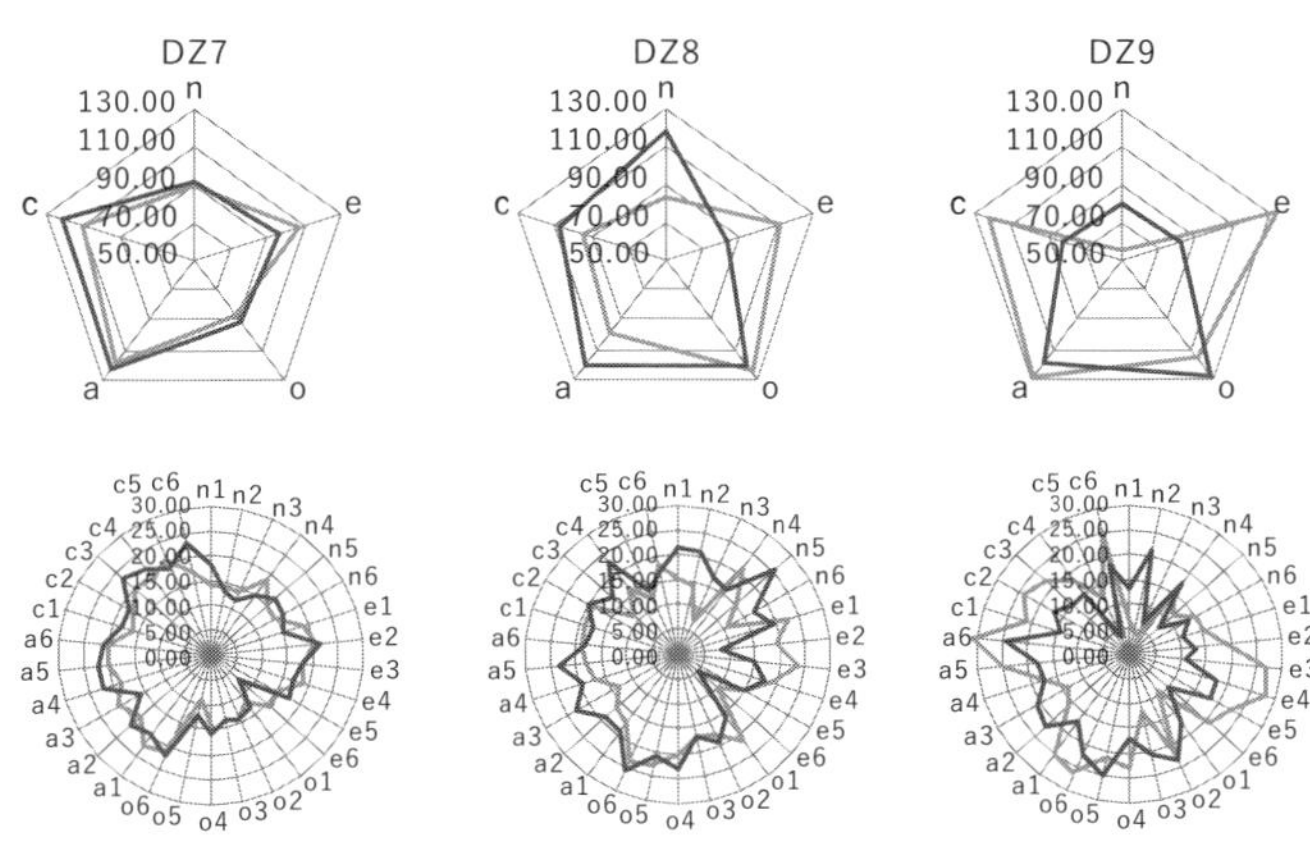

図2-10　双生児のきょうだい同士のNEO-PI-Rのプロフィール（続き）
上段は5次元、下段は30下位次元

り、MZ4のように形としては相似形でその大きさが異なるものであるというように、基本的な類似性をもとにしたバリエーションとして理解できるものが多い。それに対して二卵性のきょうだいの場合、一方でDZ7のように一卵性さながらにそっくりなものや、DZ1やDZ2のようにやはり一卵性に見られた基本形からのバリエーションとして理解できるものもあるが、多くはその基本形自体が異なるものが多いという印象を受ける。

だが、この1組ごとのプロフィールを30の下位次元で比較すると、その印象はいくらか異なったものになる。この三十角形というかなり複雑な多角形を5次元で描いたペアと同じペアで描くと、その形の差は五角形のときほど顕著ではないように見える。一卵性双生児で五角形で類似した形をしているペア（MZ1やMZ2）は三十角形になってもほぼ似ていると言っていいだろう。しかし、MZ6では五角形で見たときは「神経質（n）」に差がある以外はほぼ同じ値をとっているが、三十角形で見ると2人のプロフィールに差があることがわかる。一卵性きょうだいの一方はどの下位尺度でもおおむね中庸な値をとっているが、その相手方は1つの尺度の中でもかなり凹凸が激しく、それを押しなべてならしてみると、自分のきょうだいとほぼ同じ値になるのである。あたかも同じ「外向性」という性質のエネルギーが、きょうだいの一方にはその物差し全般にわたってまんべんなく注ぎ込まれたのに対して、もう一方には「外向性」全体のエネルギーを維持しつつ下位尺度には不均等に注ぎ込まれて凹凸ができたような感じである。あるいはその凹凸を相殺すれば2人とも同じレベルになるような感じだ。

これを「似ている」と見るか、それとも「似ていない」と見るか。ふたごの類似性とはしばしばこのような形で現れるのである。

ペア間の差をもとにした類似性の指標

このパーソナリティのような多次元で表現される心理的形質の類似性を、そのプロフィールの形状で主観的に判断するのではなく、客観的な数値として表現してみよう。ここで2つの指標を作ってみる。1つは「ペア間差二乗和平均」、もう1つは「ペア間相関」である。

ペア間差二乗和平均というとわかりにくそうだが、要するに似ているということは差が小さいということだから、２人の得点の差を類似性の尺度にしようというものである。差を見るための物差しはたくさんあるので、その差全体の平均値を使う。それならば単純に２人の値の差の絶対値をただ足し算したりその平均を求めてもよいが、標準偏差の考え方、すなわち差の二乗和を出して、その平均を求め、その平方根を使う。つまり差が大きければ大きいほど、その差を際立たせるように評価するのである。[*6]

この数値は差をもとにした類似性の指標なので、似ていれば似ているほど小さくなる。この値を私たちの成人の双生児データベースから一卵性、二卵性ともにランダムに50組抽出して、それぞれの値を図示したものが図２－11である。５次元、30下位次元、２４０項目のいずれについて見てみても、全体としては一卵性のほうが二卵性よりも値が小さく、左側にそのピークがあり、平均値からもわかるように一卵性のほうが差が小さいと言える。

＊６　この指標の式は次のように表せる。ＮＥＯ－ＰＩ－Ｒの５つの尺度（Ｎ、Ｅ、Ｏ、Ａ、Ｃ）のふたごきょうだいそれぞれの尺度値を N_1 と N_2 や、E_1 と E_2 のように表すと、

５次元の場合　$\sqrt{((N_1 - N_2)^2 + (E_1 - E_2)^2 + (O_1 - O_2)^2 + (A_1 - A_2)^2 + (C_1 - C_2)^2) / 5}$

30下位次元の場合　たとえばＮの下には n1 から n6 の下位尺度があるので、それぞれについてふたごのきょうだいの値を $n1_1$ や $n1_2$ のように表すと、$\sqrt{((n1_1 - n1_2)^2 + (n2_1 - n2_2)^2 + \cdots (n6_1 - n6_2)^2 + (e1_1 - e1_2)^2 + (e2_1 - e2_2)^2 + \cdots (e6_1 - e6_2)^2 + \cdots (c1_1 - c1_2)^2 + (c2_1 - c2_2)^2 + \cdots (c6_1 - c6_2)^2) / 30}$

２４０項目の場合　$\sqrt{\Sigma(itemi_1 - itemi_2)^2 / 240}$

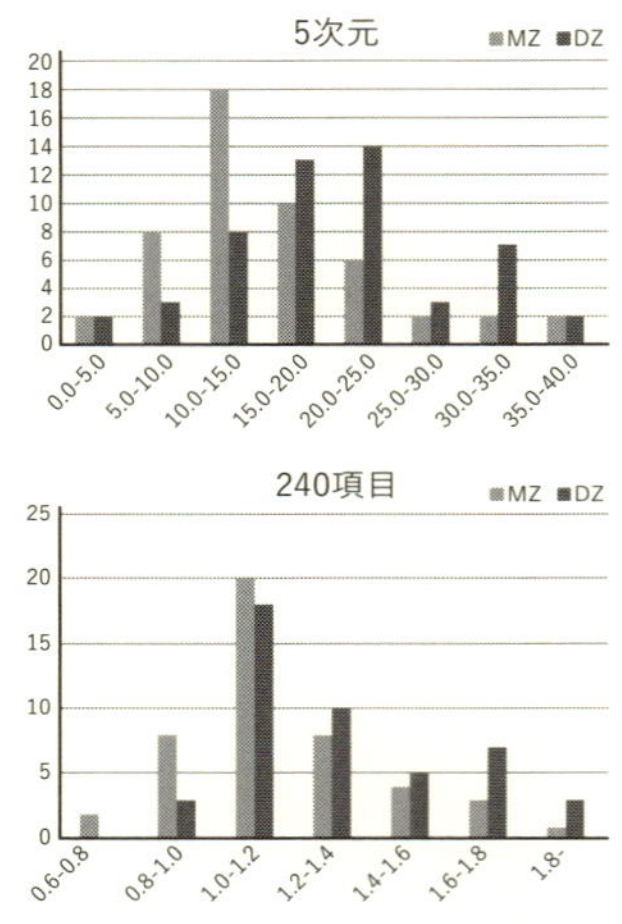

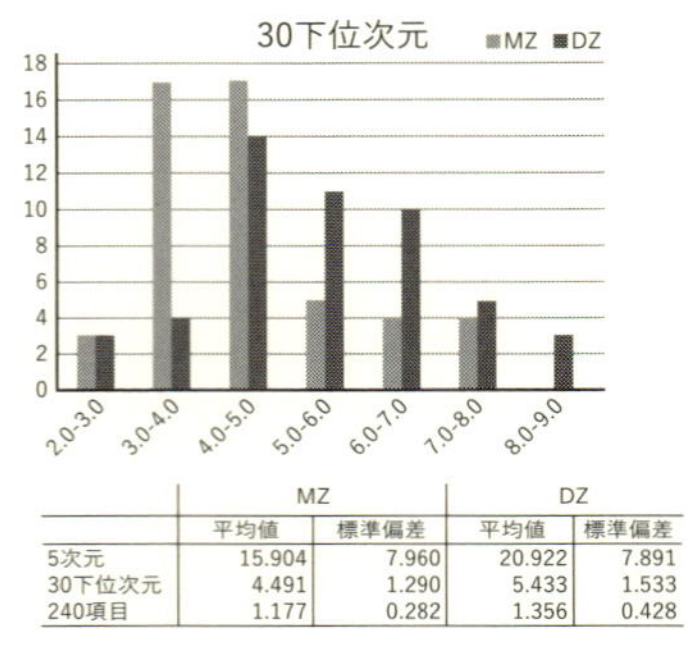

	MZ		DZ	
	平均値	標準偏差	平均値	標準偏差
5次元	15.904	7.960	20.922	7.891
30下位次元	4.491	1.290	5.433	1.533
240項目	1.177	0.282	1.356	0.428

図 2-11　NEO-PI-R 尺度得点のペア間の差分の卵性別分布
MZ：一卵性　DZ：二卵性

しかしその差は程度の差であり、いずれもその散らばりの上限と下限の範囲、つまりレンジを見ると、同じくらいの幅に散らばっているのも事実だ。逆に言えば、ペア内のパーソナリティのプロフィールの類似性が一卵性と二卵性とでどのくらい違うかという問題は、あくまでも全体としての程度問題であり、個別に見てみると一卵性よりも似ている二卵性もおり、また二卵性よりも似ていない一卵性もいるということである。そしてその程度の差は、５次元で見たときよりも30下位次元で見たときのほうが小さくなり、さらに２４０項目で見るともっと小さくなる。このことは、一卵性の差の平均に対する二卵性の差の平均の比で見ると、５次元、30下位次元、２４０項目の順に１・３１６、１・２１０、１・１５２と小さくなることからもわかる。とくに項目レベルというのは、個々のかなり具体的な行動をどの程度するかのレベルであり、このように細かく見ていくと一卵性と二卵性の差異は本当にわずかなものになる。しかしながら、その個々の行動の背後にある関連性から構成された（相関のある項目同士を足し算して作られた）パーソナリティという漠然とした特徴を表現する数値にすると、その類似性が遺伝的な関連性に従ってはっきりとしてくるという点が興味深い。

ペア間の相関関係をもとにした類似性の指標

しかし、もし値の絶対的な差が一見大きくても、その形態が似ているような場合（たとえば図２－10のMZ4のような）、ペア間差二乗和平均は必ずしもその類似性を反映しないことになってしまう。このような場合の類似性は、その絶対値の差というよりも、得点の相対的な凹凸の一致具合を表現できる数値を用いたほうがよい。そこで「ペア間相関」をもう１つの指標に用いる。

この値はプロフィールを描いたときの図形の凹凸が、その絶対的大きさではなく相対的な形態として似ている程度を意味する。別の言い方をすれば、各ペアの一方をx軸、他方をy軸として、一つひとつの次元の値をペアごとにプロットしたときに一方が大きければ他方も相対的に大きい、あるいは逆に一方が小さければ他方も相対的に小さいという相関関係がどの程度あるかの指標である。第１章の図１－１、図１－２で紹介した、あの数値のことだが、ここでは横軸、縦軸にある１組のペアのそれぞれのきょうだいのパーソナリティの得点を配置しているわけである。

５次元なら５つの点、30下位次元なら30の点のプロットを見たとき、それが相伴って変わっている程度である。たとえばMZ4について見てみると、図２－12が示すように、２人の差を見ると大きいが、相関はかなりあることがわかるだろう。これが逆に、一方が大きければ他方が小さくなる傾向があれば、この値はマイナスになり、その値はマイナス１からプラス１の間で表され、値がプラスに大きいほど類似性は高く、マイナスに大きければ似ていないどころか真逆のパーソナリティを互いに持つことを意味する。そしていずれも０に近づくほど、そのペアのパーソナリティプロフィールは無関係ということになる。

この指標で見ても、ペア間差二乗和平均と同じく、一卵性ペアのほうが二卵性ペアよりも相対的によく似ており（図２－13）、５次元で見ればその相関の平均値は一卵性が０・５２０、二卵性は０・２２５と、一卵性が二卵性の倍以上（２・３１）似ている。だが同時に特筆すべきなのは、個別に見てみると、二卵性でもその相関が０・９を超すほど似ているペアがある一方で、一卵性でもその類似度にマイナスのものがあるなど、かなりのばらつきがあるということである。またこれもペア間差二乗和平均と同じく、その類似性の程度は、５次元で見たときよりも30下位次元で見たときのほうが小さくなり、さらに２４０項目で見るともっと小さくなる。そして二卵性の相関の平均に対する一卵性の相関の平均の比で見ると、５次元、30下位次元、

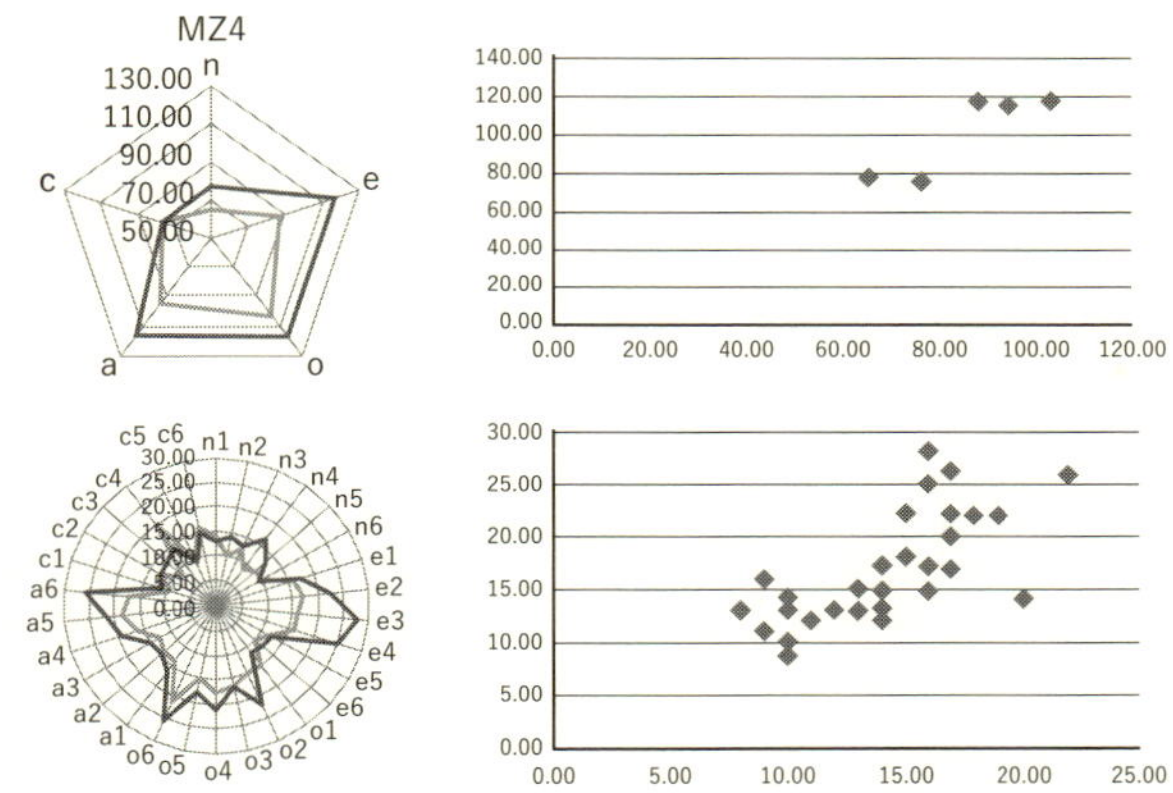

図2-12　MZ4のきょうだい間のパーソナリティの5次元・30下位次元のプロフィールと相関パターン

上段は5次元、下段は30下位次元

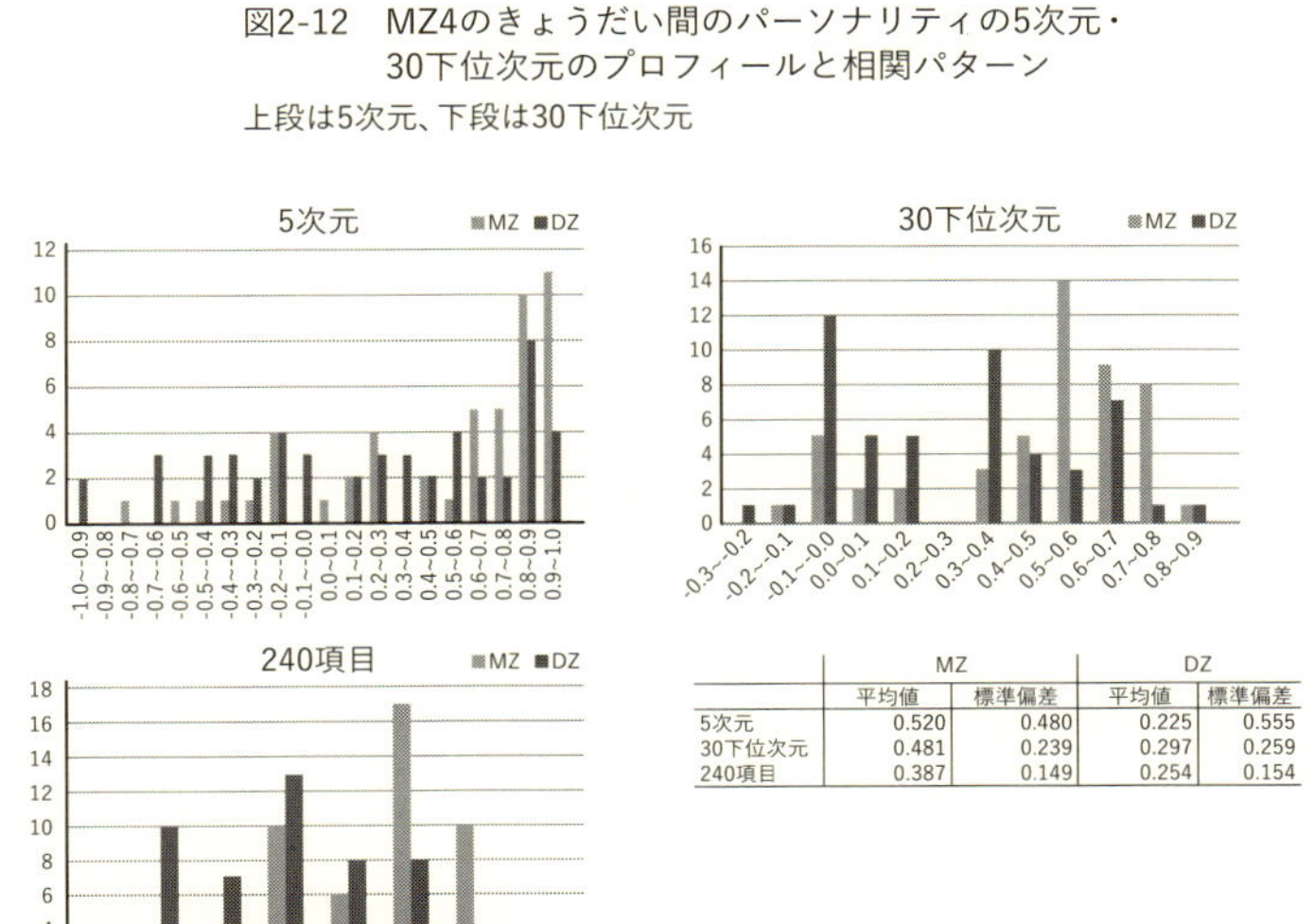

	MZ		DZ	
	平均値	標準偏差	平均値	標準偏差
5次元	0.520	0.480	0.225	0.555
30下位次元	0.481	0.239	0.297	0.259
240項目	0.387	0.149	0.254	0.154

図2-13　NEO-PI-R尺度得点のペア間の相関係数の卵性別分布

MZ：一卵性　DZ：二卵性

240項目の順に2・310、1・616、1・522と小さくなることからわかる。[*7]

統計的傾向から確認できる類似性

つまりどちらの指標で見てみても、一卵性と二卵性のふたごの類似性というものについて次の3つのことが浮き彫りになる。

①集団として一卵性と二卵性の類似性の程度を比較すれば、一卵性のほうが二卵性よりもよく似ている。

②しかし、ふたごきょうだいの類似性を個別に見てみると、一卵性にも二卵性にもその類似性の程度には大きなばらつきがあり、あまり似ていない一卵性もいれば、とてもよく似た二卵性もいる。

③卵性による類似性の差異は、細かな個々の行動レベルで見たときにはあまりはっきりしないが、同じ傾向を持つ行動のまとまりとして見たときに、よりはっきりと現れてくる。

日ごろ私たちが目にするのは、場面ごとに変化する多様な具体的行動である。そこだけを見ていると、一卵性のふたごの類似性は必ずしもよく見つかるわけではなく、二卵性と比べてもその差は必ずしも大きいものではない。しかしそのような行動のレパートリーが持つもう少し大きなまとまりとして見てみると、全体としてのその人らしさのレベルで一卵性と二卵性の差異がはっきりとしてきて、一卵性は二卵性よりも相対的に似ていると言えるのである。これはふたごのことを個別によく知る家族や友人が抱く一般的な印象に近いと言えよう。このことが、ふたご自らが回答してくれたパーソナリティ検査に見られる統計的傾向にも表されているのである。

前章で紹介したかつて東大附属の双生児研究に関わったあげく、「ふたご研究じゃ何もわからない」とのたまった教授の気持ちも、あまりに近くで個別の行動を比較してしまったからもたらされたものなのかもしれない。

＊7　ちなみにペア間相関で表した類似性とペア間差二乗和平均で表した類似性との相関は0・5〜0・6程度で、必ずしも一致しているわけではない。これらは類似性を異なる2つの視点から見たものと考えるべきだろう。

第3章

ふたごの類似性を科学する

1 形質の類似性を見る

心の働きを数値化することへの批判

第2章では、ふたごのペアそれぞれの類似性を、逸話的な見方から数値化した見方まで、順を追って話してきた。そして最後に、ふたごの類似性について見られる3つのポイントをまとめたが、それらのいささか曖昧な特徴は、とりもなおさずふたごの類似性から遺伝と環境の影響を明らかにするうえで、少なからぬ困難をもたらす要因になる。ある試薬を試験管に垂らして何か目に見える変化が見出されれば、そこに求めている物質や現象があることを証明できるというような、教科書的な科学的証明の定番とは、かなり様相が異なるからだ。見た目にそっくりな一卵性双生児に出会ったとき、そしてその2人がそっくりな行動をしたとき、そこに明らかに遺伝子の働きをこの目でとらえたように思う。しかし、それを試験管の中と同じように、科学者の作る統制された実験室の中で確実に再現させ、測定し、遺伝の影響を具体的に明らかにすることは、そのたった1組のふたごだけからは不可能である。それは前章で述べたように、そもそものような類似的行動が、特異性（ペアごとに異なる）、時偶性（ときおり偶然にしか現れない）、予測困難性を持つからである。このような状況に直面したとき、ことの厳密性を強く追求したがる科学者や一般の人々からは、第１章に紹介したような、「ふたご研究では、遺伝と環境の影響のことは何もわからない」という嘆息がつぶやかれるのである。

それに加えて、そもそも心の働きを数値にしてしまうこと自体への違和感や批判もしばしば耳にする。ふたごの２人（に限らず、どんな人でも）の心の働きや行動は、どれも互いに個性的で、それぞれに異なった意味や働きを持った状態の推移の現れなのだから、これを数値に置き換えることなど不可能だ、もってのほかだ、その本質を見失っていることになるぞ（難しい言い方をすれば「認識論的誤謬」を生む）、というわけだ。

実際、心理学の専門家ですら、心の働きを数値に置き換えることを批判する人は少なくない。それは心理テスト批判でよく言われる。心理テストの代表格、知能検査では、いろんな種類のテスト問題の得点の合計点からＩＱを算出する。たとえばランダムに並んだ数字を何けたまで覚えられるかという問題の得点と、「〝父親〟に対する〝おじ〟は、〝母親〟に対する何か」のような問いに制限時間内に何問答えられるかという問題の得点を足し算するわけだ。そんなふうにして得られた合計得点に何の意味があるのかと問い詰められれば、一見「なるほど、そりゃナンセンスだ」と思ってしまっても無理はない。ましてや、ふたごの一方は「心配性でない」には「はい」、「さびしい気持ちになったり気が滅入ったりすることは、めったにない」には「いいえ」と答え、そのきょうだいは逆に「心配性でない」には「いいえ」、「さびしい気持ちになったり気が滅入ったりすることは、めったにない」には「はい」と答えたとしても、どちらも「神経質」という次元では同じ得点を与えることになる。そんなパーソナリティ検査の数値を見て、だからふたごは似ているなどと言っていいのかという批判もある。これも一見もっともらしい。

巨視的レベルの現象をとらえる

しかし心理学は、一見もっともらしいそのような批判とは裏腹に、そのような「足し算」をすることが理論的にも現実的にも妥当であることを実証的に示してきた。ランダム数列を正確にたくさん覚えられる人ほど、おしなべて「〝父親〟に対する〝おじ〟は、〝母親〟に対する何か」のような問題への成績もよく、さらには図形を使った知能問題でも記号を使った知能問題でも、やはり同じように成績がよい。そうなるとこれらは個々別々の能力というようなものではなく、背後にこれら全体に関わる1つの能力源のようなものが想定できることになる。そして測りたいのは個々別々のパフォーマンスではなくて、そうした数々のパフォーマンスを生み出しているもととなる能力源のパワーなのである。

心理測定学ではこれを「一般知能」と呼ぶ。これを発見したのは20世紀初頭に活躍したイギリスの心理学者、チャールズ・スピアマン（Charles Spearman, 1863-1945）だ[99]。この一般知能の概念と、フランスの心理学者、アルフレッド・ビネー（Alfred Binet, 1857-1911）の発明した知能の測定法は、いずれも20世紀の心理学最大の成果の1つに数え上げられるといって過言ではない（それを測るのが知能検査、それを数値化したものとして一般によく知られるのが知能指数、いわゆるIQである）。

パーソナリティの項目についても同様のことが言える。個別に見ると「心配性でない」と「さびしい気持ちになったり気が滅入ったりすることは、めったにない」に一貫しない答えをする人もいるが、多くの人の統計をとると両者には比較的高い相関関係があり、背後に「情緒不安定性」あるいは「神経質」と名づけられるような心理的因子を想定することが合理的であることがわかる。

しばしば知能検査の種類によって測られる能力が違うとか、領域によって知識の運用の仕方が異なるということがことさらに強調されることがあるが、それは木を見て森を見ずの議論である。どんな種類や形式の知能検査を使ったとしても、きちんと選ばれた項目からなる検査であれば、それはその人の持つ同じ一般知能のレベルをおおむね測定している。ここでは個々の「木」の話をしているのではない。それはそれでもちろん重要だが、「森」という巨視的なレベルで見られる現象の話をしているのである。木は1本ずつを見れば太さも枝ぶりも異なり、森のどこに生えているかで植生も異なるが、森全体で見るとあるレベルで一様に1つのシステムをなしているのと似ている（ここでも、ふたごの類似性を見るときと同じ、細かく見ると見えにくいが、全体として見るとパターンが見えてくるという、心理学の一般的傾向、あるいはもっと普遍化すれば確率的現象の黄金律が認められる)。

細部に宿る神の御声を聞き取る

ふたごの研究はそのような心理測定学の常套手段の上に完全に乗っている。そして世界の標準的な心理学や社会科学に従事する研究者たちは、これらを用いて多くの科学的発見と、その成果の社会への還元を行っているのである。もちろんこれをいかがわしいと感じ、「そんな心理現象の数値化は無意味なのではないか」と疑ってかかったり、「あえて数値化すれば、自ずとその大小の比較ができるようになり、それが知能の高い低い、神経質さの強い弱いなど、人間の間の比較や序列化を正当化することになる」と倫理的に慎重になったりすることは、状況や立場によっては大事なことであろう(たとえば心から尊敬できる人や社会的に優れた業績を上げている人に対して、その人のＩＱを測定してみたら人並みだったとか人並み以下だったということがわかったとしても、その人の価値が損なわれるわけではない)。実際に世の中には、人間の持つ一人ひとり異なる無限と言っていい多様な知識のあり方を、平板な学力テストで序列化し、それがあたかも実際の知的能力の差だと思い込んで、相手を見下したり、傲慢になったりする人も少なからずいることを考えれば、なおさらである。

だが、そのような批判だけを鵜呑みにするのも、実のところ表面的であり、軽率である。たとえばＩＱの高い人ほど収入が多い職業達成度が高い(相関係数で０・２７)[93]とか、まじめな人ほど長寿である（０・０９[93]）のように、心の働きを数値化したものに、何らかの統計的法則性や秩序が見出されたとしたらどうなるだろう。

心理測定の理論は、そのような数値化された心の働きに見られる合理的な法則性を根拠に作られてきたのである。そしてふたごのデータにもそれが見出される。つまり、そのような数値に一卵性双生児のほうが二卵性双生児よりも高い相関関係が見出されるのである。そこに「遺伝子」たちの声が聞こえるのだ。

神は細部に宿る。１組のふたごだけから遺伝と環境の影響を見ることはできないとはいえ、１組ごとのふたごたちの中には確実に遺伝の影響と環境の影響が反映されているのである。そしてその細部に宿る神の御声を聞き取る方法が、統計学という「最強の学問[73]」である。統計学は多様性に潜む傾向と法則を、その多様性を生み出す集合の全体を系統的に俯瞰することによってあぶり出す。細部に宿って見えにくかったものを、見えるようにしてくれるのである。

類似性を統計的に表現する試みの歴史

先に述べた３つのポイントが確実に教えてくれるのは、ふたごを集団として見て、行動もまた集合として見れば、そこに遺伝の影響を示す証拠、すなわち一卵性が二卵性よりも類似するという現象を見出すことができるということである。そして遺伝の影響があぶり出されれば、それをネガとしたときのポジとして、環境の影響もまたあぶり出すことができる。

かくしてたくさんのふたごに声がかけられ、さまざまな行動のデータがふたごそれぞれの人たちから集められることになる。いかにしてたくさんのふたごの人たちに研究に協力してもらうかについては、それ自体、語るべきことがたくさんあるのだが、ここでそれについて触れていると、肝心の「遺伝と環境」の影響の解明にたどり着く道のりから遠ざかってしまう。だからそれは別の機会に譲ろう。ここでは、ふたご研究において、歴史的にどのような統計手法が、遺伝と環境の影響のあぶり出しに用いられてきたのかを眺めておきたい。

ここから、形質の類似性を統計的に表現する方法の歴史をたどる。類似性を統計的に表すこと自体は、すでに前章で試みている。だが思い出してほしい。前章では1組ごとについて、パーソナリティ検査で測定されたいろいろな次元や項目全体のプロフィールが2人の間でどのくらい似ているかを数値化し、それを一卵性と二卵性で比較していた。それによって示した類似性は、だから1組ごとについて求められた組単位の類似性の数値である。

しかしここで扱うのはそうではなく、形質単位の類似性である。たとえばあるパーソナリティ特性（外向性など）について、それが一卵性全体として、あるいは二卵性全体として、どの程度似ているかの指標を統計的に作り上げるということである。組ごとの類似性に基づく統計と集団の類似性に基づく統計は、その意味が似て非なるものである。前者は2人の間の統計量、後者は集団全体の統計量なのである。この違いが生まれるのは、前章ではまさに1組を作る2人の人間の類似性に関心があったのに対して、これからはある心理的な特徴や行動の特徴のほうに関心が向けられるからにほかならない。

2　対差で見る

似ているのであれば差は小さい

集団としてのある形質の双生児間類似性を最も簡単に表すには、ペアごとのある形質の得点差に着目することである。似ているのであれば、その差は小さいというわかりやすい考え方をそのまま用いた方法だ。そのためにペア間の差（対差）の値をひたすら足し合わせ、それをペアの数で割る、対差平均をとることである。

これを数式で表してみよう（面倒と思われる方は、ここまで考え方だけわかったことにして飛ばしてもいいが、研究の仕方をきちんと理解したい方は付き合ってほしい。使われる数学は中学生レベルのものである）。ある形質について、n組の一卵性双生児ペアを1番目から順にn番目まで並べたときのi番目のペアの一方のきょうだいの値を$MZ1i$とし、もう一方の値を$MZ2i$とすると、nペアの一卵性きょうだい全体の類似性、すなわちここでの対差平均は、

$$\sum_{i=1}^{n} |MZ1i - MZ2i| / n$$

となり、同様にmペアの二卵性双生児のペアDZ1*i*とDZ2*i*の対差平均は、

$$\sum_{i=1}^{m}|DZ1i - DZ2i| / m$$

となる（| |は絶対値を表す）。

ここで類似性が高ければ高いほど、対差平均は「小さく」なることに注意してほしい。これは遺伝規定性の「大きさ」を知りたい場合には、感覚的にいささかわかりにくい。二卵性の類似性に比べて一卵性の類似性が高いほど遺伝の影響があるわけだから、この値が小さいほど似ているという性質を考慮すれば、一卵性の対差平均を分母に、また二卵性の対差平均を分子に置いた値（Hd）、

$$Hd = \{\sum_{i=1}^{m}|DZ1i - DZ2i| / m\} / \{\sum_{i=1}^{n}|MZ1i - MZ2i| / n\}$$

にすれば、この形質に関する遺伝規定性の強さを表すということになる。

具体例を挙げよう。表3－1は小学5年生の一卵性、二卵性それぞれ10組の身長（それぞれ2、3列目）と体重（4、5列目）である。それぞれの組の対差はこの表の6列目（身長）と7列目（体重）になり、それぞれの平均を求めると身長の対差平均は一卵性で2・20、二卵性で3・72、体重の対差平均は一卵性で1・52、二卵性で4・96になる。するとそれぞれの形質の遺伝規定性（Hd）は、

身長　$Hd = 3.72 / 2.20 = 1.69$

体重　$Hd = 4.96 / 1.52 = 3.26$

表3-1　小学5年生のふたごの身長と体重のデータの例

一卵性

組	身長1	身長2	体重1	体重2	身長対差	体重対差
MZ1	160.0	162.0	45.0	45.0	2.00	0.00
MZ2	153.0	150.0	43.0	43.0	3.00	0.00
MZ3	133.5	130.0	28.2	28.0	3.50	0.20
MZ4	147.0	148.0	34.0	32.0	1.00	2.00
MZ5	137.5	138.0	27.0	27.0	0.50	0.00
MZ6	152.0	150.0	36.0	35.0	2.00	1.00
MZ7	132.0	131.0	26.0	25.0	1.00	1.00
MZ8	142.0	140.0	40.0	37.0	2.00	3.00
MZ9	148.0	142.0	38.0	30.0	6.00	8.00
MZ10	148.0	149.0	42.0	42.0	1.00	0.00
平均	145.3	144.0	35.9	34.4	2.20	1.52

二卵性

組	身長1	身長2	体重1	体重2	身長対差	体重対差
DZ1	134.0	134.0	32.0	35.0	0.00	3.00
DZ2	145.0	146.0	38.0	34.0	1.00	4.00
DZ3	139.0	146.0	28.5	34.0	7.00	5.50
DZ4	145.0	147.0	35.0	35.0	2.00	0.00
DZ5	150.0	150.0	38.0	36.0	0.00	2.00
DZ6	156.0	158.1	45.0	54.0	2.10	9.00
DZ7	139.1	135.0	34.1	26.0	4.10	8.10
DZ8	136.0	139.0	27.0	28.0	3.00	1.00
DZ9	159.0	145.0	39.0	30.0	14.00	9.00
DZ10	162.0	158.0	50.0	42.0	4.00	8.00
平均	146.5	145.8	36.7	35.4	3.72	4.96

ということになる。これで見ると、遺伝規定性の値は体重のほうが身長の2倍ほど大きいことになる。

ちなみにここでは読者が計算しやすいように一卵性、二卵性それぞれわずか10組の例を挙げたが、実際に科学的な研究をするならば、もちろんこんな少ない数では知りたい値を得られたことにはならないだろう。これをたとえば筆者の持つ実際のサンプル（一卵性365組、二卵性197組）について計算すると、身長の対差平均は一卵性で2・01、二卵性で4・73、体重の対差平均は一卵性で2・21、二卵性で4・91で、それぞれの形質の遺伝規定性（Hd）は身長で2・35、体重で2・22と、いくらか身長のほうが大きな値だが、ほとんど差がない。いずれにしても一卵性は二卵性よりも類似している。ここからこれらの形質には遺伝の影響があることがわかる。

同単位の加算性という条件

対差平均で類似性を表現するというやり方は、前章でパーソナリティのプロフィールから組ごとの類似性を見ようとしたときと、一見類似した方法である。しかし、前章の方法が1組のペアについて、さまざまな形質（パーソナリティの尺度や下位尺度、各項目の得点に相当する）を見渡したときの類似性を表現していたのに対して、ここではある形質について、さまざまなペアを見渡したときの類似性を表現した統計量であることに注意してほしい。

似ているということは差が小さいことだ、だから直接差をとって、その差の小ささ具合をもって遺伝規定性の程度の指標にしようという考え方は、直観的にはきっとわかりやすいと思われる。引き算と足し算（それに最後に割り算）だけでその値が求められるという意味でも、それはわかりやすくはあるだろう。しかし、この数値例で身長ではその値が１・６９、体重では３・２６なので、体重のほうが遺伝の影響が強いということは言えそうだが、それでは体重のほうが身長の2倍ほど遺伝規定性が大きいと言えるかどうか、そもそも2倍大きいとはどういう意味かを問うことは、この数値ではできない。なぜなら、この尺度には「加算性」、つまりどちらも同じ単位のものを足し合わせて作られているという条件が満たされていないからだ。この同単位の加算性が成り立っていないと、その尺度で測られたもの同士を比較して、一方がどちらの何倍あるという計算ができないことになる。

しかもこの値は、ペアの「中」での絶対的な差として類似性を見ているが、ペアの「間」での相対的な差を考慮した類似性の数値にはなっていない。これを考えるのが、次節で取り上げる相関で見た類似性である。

3 相関で見る

相対的な大小関係の同期の程度

2つのものの類似性を「互いの差の小ささ」と定義したのが対差平均による統計量だとすれば、「全体の中の相対的な大小関係が同期している程度」あるいは「大きさの順で並べたときの順位がより同じである程度」と定義したのが相関係数による統計量と言えよう。対差で類似を見る場合は、その値が「小さい」ほど類似性が「大きい」ことを意味し、数値の方向性が知りたいことと逆の動きをするのがいささかわかりにくいが、相関係数で見た場合は、その数値が大きいほど類似性も大きいことを意味し、感覚的にわかりやすい。ここで一卵性双生児きょうだいの相関をrMZとし、二卵性のをrDZとしたとき、

Hr_ratio = rMZ / rDZ

つまり二卵性の類似性に比した一卵性の類似性の大きさをもって遺伝規定性の大きさと定義するやり方と、

Hr_diff = rMZ - rDZ

つまり二卵性の類似性よりも一卵性の類似性が大きい分の差をもって遺伝規定性の大きさと定義するやり方が考えられる。とくに後者のやり方だと、たとえば rMZ = 0.8 で rDZ = 0.6 の場合も、rMZ = 0.3 で rDZ = 0.1 の場合も、どちらも０・２という同じ遺伝規定性の高さを意味することになってしまうが、一卵性の類似性がより高い前者のほうが遺伝規定性が高いと思われるので、それを反映するために、一卵性の類似性で調整して、

Hr = (rMZ - rDZ) / (1 - rMZ)

によって遺伝規定性の高さを表す方法が用いられたことがあった。

これを表３－１で挙げた数値例で計算してみると、

身長　rMZ = 0.97　rDZ = 0.82　Hr_ratio = 1.18,　Hr_diff = 0.15,　Hr = 5.00

体重　rMZ = 0.94　rDZ = 0.67　Hr_ratio = 1.40,　Hr_diff = 0.27,　Hr = 4.50

となる。身長より体重のほうが遺伝規定性が高そうなことは、比率と差で見たときは対差と同じだが、その差は対差ほど大きくはなく、さらに一卵性の類似性で調整した場合は、逆に身長の遺伝規定性のほうが体重より大きく表現されている。

より大きな実際のサンプルでは、

身長　rMZ = 0.94　rDZ = 0.77　Hr_ratio = 1.22,　Hr_diff = 0.17,　Hr = 2.68

体重　rMZ = 0.93　rDZ = 0.69　Hr_ratio = 1.34,　Hr_diff = 0.23,　Hr = 3.12

と、その差はあまり大きくないが、体重のほうがやや遺伝規定性が一貫して高く見積もられて

おり、これは対差をもとにした場合と同じである。

4 分散で見る

イギリス生物統計学の系譜

ここまで紹介した双生児の類似性の強さを一卵性と二卵性で比較して遺伝規定性の相対的強さを数値で表すやり方は、20世紀の半ばくらいまで、主にドイツの研究者とその影響を受けた日本の研究者の間で実際に用いられたことのある方法だった。一卵性と二卵性の類似性をどのように数値化し、その相対的な大きさの比較からどのように遺伝規定性を数値化するかには、いろいろな考え方があり得たことがこうした歴史から垣間見ることができる。それと同時に、いずれの指標もその数値の意味づけが、単にある1つの形質の遺伝規定性の表現に過ぎず、せいぜい異なる形質間でその大きさを比較して、遺伝規定性が一番強いのは何かを示すことぐらいしかできなかった。

双生児の類似性から、単に遺伝規定性の相対的な大きさを表現する（いわば便宜的な）統計量にとどまらず、実質的な意味のある個人差の説明要因として、遺伝と環境の影響力を想定したモデル化を試みたのは、イギリスの生物統計学の系譜である。生物統計学の祖は、差異心理学と優生学の祖でもあるゴールトンだった。彼は同時に行動遺伝学の祖として、人間の才能のような心理的形質に遺伝要因が関与することを科学的に初めて示した人物でもある。彼の統計学の才能は、類似性や関連性の指標である相関と回帰の考え方を生み出した。また、生物統計学の祖の１人として名前の挙げられるロナルド・フィッシャー（Ronald Fisher, 1890–1962）が確立した分散分析の考え方も、相関と絡めて重要である。実のところ、行動遺伝学をきちんと理解し、ふたごの類似性から遺伝と環境のあり方を考察できるようになるためには、「相関」と「分散」、そしてそれをつなぐ「共分散」の考え方の理解が必要不可欠なのである。

多様性を示す指標＝分散

統計学をかじったことのある人であればなじみのある「分散」の概念は、しかしその重要性に比して必ずしも多くの人に浸透した概念とは残念ながらなっていない。一般の人々に浸透した統計学の概念はせいぜい「最頻値」と「平均値」どまりだ。最頻値は集団の中で最も高い値や多い数をとるもの（アイドルグループのＡＫＢの総選挙で選ばれるメンバーはまさにそれだ）、平均値は集団全体の合計を人数で割った値、つまり多くの人からなる集団の成員一人ひとりが持つ何らかの数値（身長の値でも、知能指数の値でも、ＡＫＢのメンバーへの好みでも何でもよい）を、その集団全体としてどの程度の大きさで持っているかを１つの代表値として表現したものである。

筆者は常日頃、国民の統計リテラシーが最頻値や平均値の認識にとどまらず、分散までが常識になれば、人々は「みんながこうだから……」とか「自分だけが人と違っておかしいんじゃないか……」という目に見えない暴力におびえることなく、もっと自分に自信を持って生きていけるのではないかと思っている。さらに相関まで常識になれば、私たち国民の科学的認識は大きく変わり、この世の複雑な現象の間の因果関係を冷静に見つめようという意識が芽生えるはずだと思う。中学生の男の子の平均身長は？　ＰＩＳＡ（国際学習到達度調査）で日本は何位だった？　いま一番人気のあるＡＫＢのメンバーは誰か？　これらはおしなべて、ある集団全体を最も代表する、あるいは最大の数値をとる特定の値や要素を特定し、それによって集団の傾向を理解しようとするものである。これは男女の違い、日本とスウェーデンの違い、去年のＡＫＢと今年のＡＫＢの違いなど、集団間の比較をしたいときにはそこそこ役に立つだろう。しかしよく考えれば、たくさんの人がいれば、いろんな人がいるという事実を捨象し、一人ひとりの個性を抹殺する概念だ。本当はいろんな身長の人がおり、いろんな成績の人がおり、いろんな人がそれぞれ好むアイドルがいるにもかかわらず、そのような多様性には目をつむる、そういう数値なのである。

　それに対して、１つの集団の中にどれくらいの多様性があるかを示す指標として用いることのできるのが分散（variance; V）である。それは数学的には、平均値からの差（偏差）がどの程度広がっているかを数値化したもので、偏差の二乗値を平均したもの、$V = \frac{1}{N}\Sigma(x_i - \bar{x})^2$ である。

分散になじみがない人でも、「標準偏差」には「偏差値」でお世話になっている人が多いはずだ。標準偏差は分散の平方根である。そして偏差値とは、平均から標準偏差で何個分離れたところに自分がいるかを示す数値であり、偏差値50ならちょうど平均、60だと標準偏差１つ分上の位置なので全体の中では上位16％、70だと２％、80だと上から０・１３％のところにいることを意味する。この値を知るとき、自分のいる集団のばらつき具合が垣間見られる。

ばらつきの理由を探るには？

多くの人はこの偏差値に一喜一憂し、実のところあまりいい印象を抱いていないだろう。しかし標準偏差を求めるときのもとの値、つまり標準偏差を二乗した分散という統計量が、世の中の現象を理解するうえでさらにどれほど有効かは、普通の人には、そしてひょっとしたら研究者や学者の間でも、ほとんど知られていない。それは、分散に「加算性」が成り立つからである。

ある集団に属する人の数値がばらつくには、ばらつく理由というものがある。収入のばらつきには、本人の能力、性格、意欲、仕事運……あるいはその人の就いた会社の景気や、職種の時代の景気動向、産業構造などさまざまな要因が関わっている。そして能力は高いのにやる気のない人、やる気はあるが運に恵まれない人、能力もやる気もあるのにもうからない仕事に就かざるを得なかった人など、いろいろいる。そして能力においてもやる気においても運においても、それが低い人から高い人までいろいろおり、その組み合わせたるや、ほぼ無限といっていい。一人ひとりがどのような理由でそのようになったのか、そこに何らかの秩序や科学的法則性などを探るのはお手上げだと思われるほどである。ところが、統計学を使うと、ある値の全体の分散を、それを構成する個々の要因の分散の和として表すことができる。別の言い方をすれば、要因の組み合わせがいくら無限であっても、個々の要因が何かがわかっていれば、集団全体として、その要因が全体の分散にどの程度寄与しているかが数値として把握できるのだ。

つまり、たとえば収入のデータがあり、それを提供してくれた人たちの能力や性格や意欲のデータもあれば、収入の分散（V収入）を能力による分散（V能力）、性格による分散（V性格）、意欲による分散（V意欲）、そしてそれだけで説明できない残差分散（V残差）あるいは誤差分散に分けることができる。

V収入 ＝ V能力 ＋ V性格 ＋ V意欲 ＋ V残差

そしてばらつきのある数値がどの要因によってどの程度説明できるのかを分析できるのである。これがいわゆる「分散分析（analysis of variance; ANOVA）」である。説明したいある変数（従属変数、目的変数）を複数の要因となりそうな変数（独立変数、説明変数）のそれぞれにどの程度重みづけをして合計すれば一番よく説明できるかを分析する「重回帰分析（multiple regression analysis）」も、基本的に同じ考え方を使ったものである。

体重を例に考えてみる

　このことを遺伝と環境について具体的に示してみよう。表３－２ａはある５人の体重のデータである。40キロの人と60キロの人が１人ずつ、後の３人はすべて50キロだ。この集団の体重の平均値は50キロなので、平均に位置する人が３人、平均より10キロ重い人が１人、平均より10キロ軽い人が１人いるわけである。５人中３人も同じ体重の人がいるとはいえ、残る２人は異なるので、この集団にはばらつきがあるということになる。ここでこのばらつきがなぜ生じているのかを、遺伝と環境から解明してみよう。ここである人がなぜその体重なのかを「神の目」から、その人の遺伝的素質と環境の影響がどのようにその人のその体重を作っているのかわかっていることにしてみるのである。ただし神といえども、絶対値としてなぜ50キロなのかはわからない。わかるのは、その集団の平均と比べてどうかということだ。ある人がきっちり平均的な体重であることや、平均より10キロ重かったり軽かったりする遺伝的理由と環境的理由がなぜなのか、である。

　まず平均からの一人ひとりの隔たりを表したのがこの表の３列目、そしてそれぞれの人の遺伝的素質のレベルと環境がそれに及ぼす影響のレベルを表したのが4列目と5列目だ。ここで３人、平均値である50キロの重さの人がいるが、表現型がこのように同じでも、遺伝と環

表3-2a　ある5人の体重のデータの例

	得点	平均からの偏差	遺伝	環境
a1	40	-10	-5	-5
b1	50	0	-5	5
c1	50	0	0	0
d1	50	0	5	-5
e1	60	10	5	5
	分散	40	20	20

境のあり方は三者三様である。3番目のcさんは、遺伝的にも環境的にも平均的な人であり、遺伝の値も環境の値も全体の平均を表す0ということになる。一方、bさんは表現型は同じく0だが、それは遺伝的には平均より5キロ軽くする素質を持っていた（遺伝がマイナス5）人が、人並み以上に体重を重くさせてしまう環境にいた（環境がプラス5）ので、結果としてはやはり平均的な体重になっていることを表している。たぶん脂肪分の多いものを食べる機会が多かったり、運動不足だったりしたのだろう。逆にdさんは遺伝的には平均より5キロ重くなるような素質を持っている人なのだが、運動量の多い仕事をしているとか、忙しくてろくろく食事をとるひまもない生活をしているとか、環境が人並み以上に体重を軽くさせる条件だったので（環境がマイナス5）、これまた結果的に平均的な体重になったというわけである。このように遺伝の効果と環境の効果は足し算的に効いている。そしてbさんと同じく平均より低い体重となる遺伝的素質の人が、さらにdさんと同じような体重を軽くさせるような環境にいるとaさんのように激ヤセになり、逆に遺伝的にはdさんのような太る体質のうえにbさんのような太る環境にいるとeさんのように太めになるというわけだ。

ここで体重が5キロ重くなるような遺伝的な素質というのは、ある集団の中で、その条件と同じ遺伝的条件を持った人をたくさん集めて平均をとると、その集団全体の平均に比べ、より5キロ重くなるという遺伝的素質を想定している。ここでも神は一人ひとりの体重の絶対値まではご存じなく、知るのはあくまでも遺伝的条件の集団中の相対値を、いまそこにいる人たちの中での平均を基準にして把握しているだけであることに注意してほしい。

分散を計算してみよう

さてここでこの５人の体重のばらつきを表す指標、分散を計算しよう。先に述べたように、分散は集団の平均値からの個々の値の偏差を二乗したものの平均なので、

$$(-10^2 + 0^2 \times 3 + 10^2) / 5 = 200 / 5 = 40$$

つまり40となる。これは体重の表現型の分散なので、表現型分散と呼ぶ。

次に遺伝の値と環境の値のばらつきも見てみよう。この表を全体として眺めれば、表現型のばらつきが遺伝のばらつきと環境のばらつきの足し算から成り立っていることが一目瞭然である。ここで遺伝分散と環境分散を同様にして求めると、いずれもその５つの値のとり方は同じだから、

$$(-5^2 \times 2 + 0^2 + 5^2 \times 2) / 5 = 100 / 5 = 20$$

と20ずつになる。そうすると、ほら、両者を足し合わせると、きちんと表現型分散に等しくなるのがわかるだろう。

いまの例では、遺伝分散も環境分散もちょうど同じ大きさだった。次に、遺伝の値をいまの２倍にとってみよう。それが表３－２ｂである。先ほどはマイナス５からプラス５までにばらついていたのが、マイナス10からプラス10までにばらつき、それと環境の値を足し合わせた表

表3-2b　遺伝の値を2倍にしたデータ

	得点	平均からの偏差	遺伝	環境
a2	35	-15	-10	-5
b2	55	5	10	-5
c2	50	0	0	0
d2	45	-5	-10	5
e2	65	15	10	5
	分散	100	80	20

現型も40から60（マイナス10からプラス10）まで20の範囲だったのが、35から65（マイナス15からプラス15）と30の範囲に広がっている。この集団について表現型分散、遺伝分散、環境分散を求めると、それぞれ100、80、20となる。環境分散のほうは変わらないが、遺伝分散が20から80と4倍になった。分散は二乗の単位なので、もとの値を2倍すれば、分散は4倍になるのである。単位を一乗にするにはその平方根をとればよく、そうすれば$\sqrt{20}=4.472\cdots$と$\sqrt{80}=2\sqrt{20}=8.944\cdots$で2倍になるのがわかる。この場合、遺伝分散は環境分散の4倍大きい。つまり表3－2bのグループの遺伝分散は表3－2aのグループの4倍大きいことになり、全分散に占める遺伝分散の割合はaのグループでは50％、bのグループでは80％ということになる。この「表現型の全分散に占める遺伝分散の割合」のことを「遺伝率」と言う。できれば読者の方も、遺伝や環境の値を任意に倍数化する、あるいはさらに任意の値をあてはめて、加算性が成り立っているかどうか、また成り立っていたとしたら遺伝率がいくらになるか試してほしい（ちなみに任意の値をあてはめると、ここでの加算性が成り立たないケースにすぐさま直面するだろう。それは後に説明する）。

　このように集団のばらつきを示す分散という統計量には加算性があること、逆に言えば分散はそれを構成するいくつかの分散に分解ができるということがおわかりいただけただろうか。

ふたごの分散分析

これをふたごのデータ解析にも適用することができるのである。つまり身長や体重やＩＱなど、いかなる表現型の分散も、遺伝による分散と環境による分散に分けるのだ。先ほどの体重の例で示した表現型の分散を遺伝分散と環境分散に分けるやり方を一般化すると、表現型の分散を Vp、遺伝による分散を Vg、環境による分散を Ve とすれば、

$$Vp = Vg + Ve$$

と表現できる。問題は、神に頼らずに、この値をどうやって求めることができるのかということだ。そのための方法が、ふたごの類似性のデータ、すなわち相関や共分散なのである。

私たち行動遺伝学者が知りたいのは、いや、おそらく誰もが知りたいのは、自分の才能や性格などの遺伝的素質とそれを育てている環境の影響だろう。しかしそこにはたくさんの遺伝子が関与し（遺伝子がどれほどたくさん才能や性格に関与しているかは第４章で触れる）、そして無数の環境要因が関与していることは想像に難くない。そして困ったことに一人ひとりみんな違う。収入の個人差に関与するであろう要因が一人ひとり異なる能力や性格などの組み合わせからなるのと同じように、一人ひとりの才能や性格それ自体も、一人ひとりがみんな異なる遺伝と環境の諸要因の組み合わせの所産である。あなたが音楽の才能があるか（またはないか）を、あなたがこれとこれとこの遺伝子を持ち、あれとあれとあの環境にさらされたからだと説明し尽くすことは、少なくともいまの科学の水準ではほとんど不可能である。これは、先ほどの例で

は、一人ひとりについて、その遺伝の値も環境の値も、集団の中の平均値からの隔たりという形でわかるということで、だから「神の目」が必要だったのだ。

しかし、一人ひとりについてそれを特定するのは無理だとしても、分散分析の考え方に基づいて、知りたいと思う要因に関する適切なデータが得られていれば、その要因が集団のばらつきのどの程度を説明するかを見積もることができる。この場合、知りたいのは遺伝要因と環境要因の関わりの「程度」、すなわち分散の大きさだ。そこで遺伝要因と環境要因について、情報がシステマティックに入手できるデータを用いる。その中の1つがふたごなのである。

これまで述べてきたように、ふたごには一卵性と二卵性がある。一卵性は基本的に2万数千の遺伝子のすべてについて原則として同じタイプを持つのに対して、二卵性は平均して50%の遺伝子のタイプだけが自分のふたごきょうだいと等しい。この場合の「等しい」とは、父親または母親から「等しい」タイプの遺伝子をきょうだいで同じように受け継いでいるという意味である。あなたは父親の持つ遺伝子対のどちらか一方と、母親の持つ遺伝子対のどちらか一方を、あなたを作る2万数千個の遺伝子のすべてについて、それぞれ2枚のトランプしか残っていないときのババ抜きのように、そのどちらか一方を運と賭けのようにランダムに受け継ぐ（染色体上の近いところにあるものの場合に生ずる「連鎖」と呼ばれる、ランダムではなく一蓮托生で隣り合った遺伝子たちがそろって同じ側の染色体に乗っている遺伝子を受け継いでしまう現象もあるが、ここではとりあえず無視しよう）。ただし、ババ抜きのように、トランプが1セットしかなくそれを抜いたら他の人はもう同じものはとれないのとは違い、子どもに受け継がれる遺伝子は同じセットがいくつもいくつも複製されたものを用いるので、あなたとあなたのきょうだいやふたごの片割れもまた、あなたが親から受け取ったのと同じタイプの遺伝子を受け取ることがあり、その確率は2つに1つ、つまり50％である。それがすべての遺伝子について言えるので、二卵性のふたごのきょうだい間では共有されている遺伝子が50％であると言える。[*8]

ではここから、しばらく数式にお付き合い願おう。「数学不安」をお持ちの読者にはとっつ

＊8　この話からおわかりいただけたと思うが、これは確率に基づく推定値に過ぎない。ひょっとしたらあなたとあなたの（ふたごの）きょうだいの場合には、50％よりちょっとだけ多くの遺伝子を共有しているかもしれないし、反対にそれよりちょっと少ない遺伝子しか共有していないかもしれない。しかしそのようなブレは、誤差としてとりあえず無視してしまうのがこれまでの流儀である。しかし第4章で紹介するように、いまは一つひとつの遺伝子、いや遺伝子を作り上げている一つひとつの塩基を読み解けるようになったから、任意の2人が塩基をどの程度共有しているかを計算することができるようになった。最近では、それを利用して遺伝の影響力を推定するGCTA（全ゲノム複雑形質分析）という手法も開発されている。

また第5章で紹介するように、最近、一卵性双生児でも遺伝子の発現の仕方は2人の間で異なることがエピジェネティクス、つまり後天的な遺伝子上の化学的変化として注目を集めるようになってきた。これはしばしば「一卵性でも遺伝子が違う」と表現されることがあるが、誤解を生みやすい。持っている遺伝子は同じタイプだが、どの遺伝子が発現しているか、つまり実際に働いているかのパターンが違うという意味である。遺伝子そのものが違うことの影響か、同じ遺伝子のエピジェネティクスが違うことの影響かの話はとても重要なので、これも第5章で詳しく説明する。

きにくいだろうが、まあそんなものかと、文字を追ってくれるだけでもよい。これまでの、ただの対差や相関だけで遺伝の影響の強さを数値化してきたのとは、レベルが異なることを知っていただきたいのである。

遺伝環境間相関は「ない」

まず、表3－2で紹介した例を一般化しよう。ふたご一人ひとりの測定値x（身長であれIQであれ）が遺伝要因によるもの（g）と環境要因によるもの（e）の和からなると考える。

$$x = g + e \quad \cdots\cdots(1)$$

この式で注意していただきたいのは、ここでの値は実際に測られた数値そのものではなく、どれもある集団の平均値からの隔たり（偏差）として表すということだ。

さてここで、たくさんの（N人の）人たちのxの分散を計算してみよう。これはその集団の平均値からの一人ひとりの偏差の二乗（平方）を平均したものと定義されることは前に書いたが、すでにxが平均からの偏差を表しているといま述べた通りなので、そのままそれの平方平均をとればよい。つまり、

$$\frac{1}{N}\Sigma x^2 = \frac{1}{N}\Sigma(g+e)^2$$

これを展開する。中学1年生で習った$(a+b)^2 = a^2 + 2ab + b^2$というのを思い出して、

$$= \frac{1}{N}\Sigma(g^2 + 2ge + e^2)$$

Σのカッコの中はそれぞれのΣに分けられるので、

$$= \frac{1}{N}\Sigma g^2 + \frac{1}{N}\Sigma 2ge + \frac{1}{N}\Sigma e^2$$

$$= \frac{1}{N}\Sigma g^2 + \frac{2}{N}\Sigma ge + \frac{1}{N}\Sigma e^2$$

　ここでこの第2項の $\frac{2}{N}\Sigma ge$ を作っている Σge、つまり遺伝の偏差と環境の偏差の積和が曲者だ。表３－２のような「神の目からの遺伝と環境」から表現型分散、遺伝分散、環境分散を計算してみたとき、もし読者自身でそれを適当な数値に置き換えたら、たとえば表３－３のように、必ずしも表現型分散が遺伝分散と環境分散の和にならない場合が出てきて、当惑はしなかっただろうか。しかしその場合は、遺伝分散と環境分散の和に加えて、さらにこの偏差積和を2倍したものを足すと、きちんと計算が合うはずだ。この項は、「遺伝環境間相関」と呼ばれる重要な関係を表している。つまりgが大きければeもそれに相伴って大きくなるというような関係がある場合のことである。たとえば遺伝的に体重を重くする素質のある人が、環境的にも体重を重くする刺激（たとえば栄養など）を受けやすい（たくさん食べるなど）傾向があると、この値は大きくなり、単純に遺伝分散と環境分散の和が表現型の値にならない。

　しかしここで、１つの仮定を導入する。すなわち、遺伝環境間相

表3-3　表現型分散が遺伝分散と環境分散の和にならないデータの例

	得点	平均からの偏差	遺伝	環境	共分散
a3	52	2	-2	4	-8
b3	48	-2	1	-3	-3
c3	55	5	4	1	4
d3	47	-3	-5	2	-10
e3	46	-4	0	-4	0
	分散	11.44	9.04	9.20	-3.40

関の関係が「ない」と仮定するのである。つまり遺伝的に身長を高くする素質のある人が、環境的にも身長を高くする刺激を受けやすい傾向はなく、遺伝と環境の組み合わせはランダムにしか生じないと仮定するのだ。これは実際にあてはまる場合もあれば、あてはまらない場合もあるだろう。身長ならあてはまりそうだが、体重やＩＱだとそうではないと感じる人も多いと思われる。太る体質の人は人よりも大食らいなようだし、頭のよい人ほど勉強をしそうである。しかしここでは、最もシンプルにものを考えるため、この関係がないと仮定するのである（もしこれを想定しなければならないときには、改めてそれを導入することにしよう）。

これを仮定すると、ｇとｅを掛けたものをたくさん集めるとプラス・マイナスがランダムに組み合わさって、全体としては相殺されてゼロになると仮定できる。そう仮定することで、その結果この式は、

$$= \frac{1}{N}\Sigma g^2 + \frac{2}{N}\Sigma ge + \frac{1}{N}\Sigma e^2$$

$$= \frac{1}{N}\Sigma g^2 + \frac{1}{N}\Sigma e^2$$

このようにシンプルになってくれる。これは結局、遺伝の分散と環境の分散の和になっている。これは先に説明した、

$$Vp = Vg + Ve \quad \cdots\cdots(2)$$

を別の形で表現したものになる。表３－２の例では、意図的に遺伝環境間相関がゼロとなるような値を設定していたのだ。

これを具体的にどのように推定したらよいか。

ふたごの共分散を考える

さあ、そこでいよいよふたごを登場させることにしよう。一卵性と二卵性は遺伝と環境の関係性において系統的な差異があるので、それを用いて遺伝分散の大きさと環境分散の大きさを分離することが可能になるからだ。いまふたごのペアの一方の値をt1、もう一方をt2とする。一人ひとりの値は式（1）に従って、

$$t1 = g1 + e1$$

$$t2 = g2 + e2$$

となる（ここでは式（1）のxをtと置き換えて表している）。

ここで先の計算とは異なり、個人単位での分散（$\sum x^2$）ではなく、2人の共分散（$\frac{1}{N}\sum t1t2$）を考えてみる。共分散とは、表３－３で具体的に算出したように、2つの相伴って変化する数値（身長と体重、英語の成績と数学の成績、そしてふたごのきょうだいの一方と片方の何らかの得点のようなもの。ただしここでもやはり集団の平均値からの偏差を用いる）の組の積の平均値、つまり2人の値の掛け算した値（積）をすべて足し合わせてその総数で割った値である。この共分散は、相伴う傾向が強いほど、平均より大きい値はともに正の値同士の掛け算に、また平均より小さい値では負の値同士の掛け算になり、いずれも正の値を足し算するのでその値は大きくなるが、

相伴う傾向が弱くなると一方の値の平均からの偏差は正だがもう一方の値は負となって、その積が負になるものが、正のものと拮抗して、全体の和はゼロに向かって小さくなる（図３－１）。この性質を利用して、共分散は相伴う傾向の大きさ、つまり類似性の大きさを表すことができるようになる。そしてこの共分散をそれぞれの標準偏差で割ったものが、第１章、第２章でふたごのペアの類似性を表すのに用いた相関係数である。それは以下のように求められる。

$$\frac{1}{N}\Sigma t1t2 = \frac{1}{N}\Sigma(g1 + e1)(g2 + e2)$$
$$= \frac{1}{N}\Sigma(g1g2 + g1e2 + g2e1 + e1e2)$$
$$= \frac{1}{N}\Sigma g1g2 + \frac{1}{N}\Sigma g1e2 + \frac{1}{N}\Sigma g2e1 + \frac{1}{N}\Sigma e1e2$$

ここで遺伝環境間相関はないと仮定してやると、この中で$\Sigma g1e2$と$\Sigma g2e1$がゼロになるから、

$$= \frac{1}{N}\Sigma g1g2 + \frac{1}{N}\Sigma e1e2 \quad \cdots\cdots(3)$$

となる。

この式（３）の中の第１項$\Sigma g1g2$は、双生児きょうだいの間の遺伝要因の共分散、第２項$\Sigma e1e2$は環境要因の共分散を表している。これらについてそれぞれもう少し考えてみよう。双生児きょうだいの遺伝要因の関係は、まさに一卵性と二卵性が異なる部分である。一卵性は遺伝要因がきょうだい間で等しいわけだから、実のところg1とg2を区別することはできない。したがってこれを同じgで表してしまうと、一卵性では、

$$\frac{1}{N}\Sigma g1g2 = \frac{1}{N}\Sigma g^2 \quad \cdots\cdots(4)$$

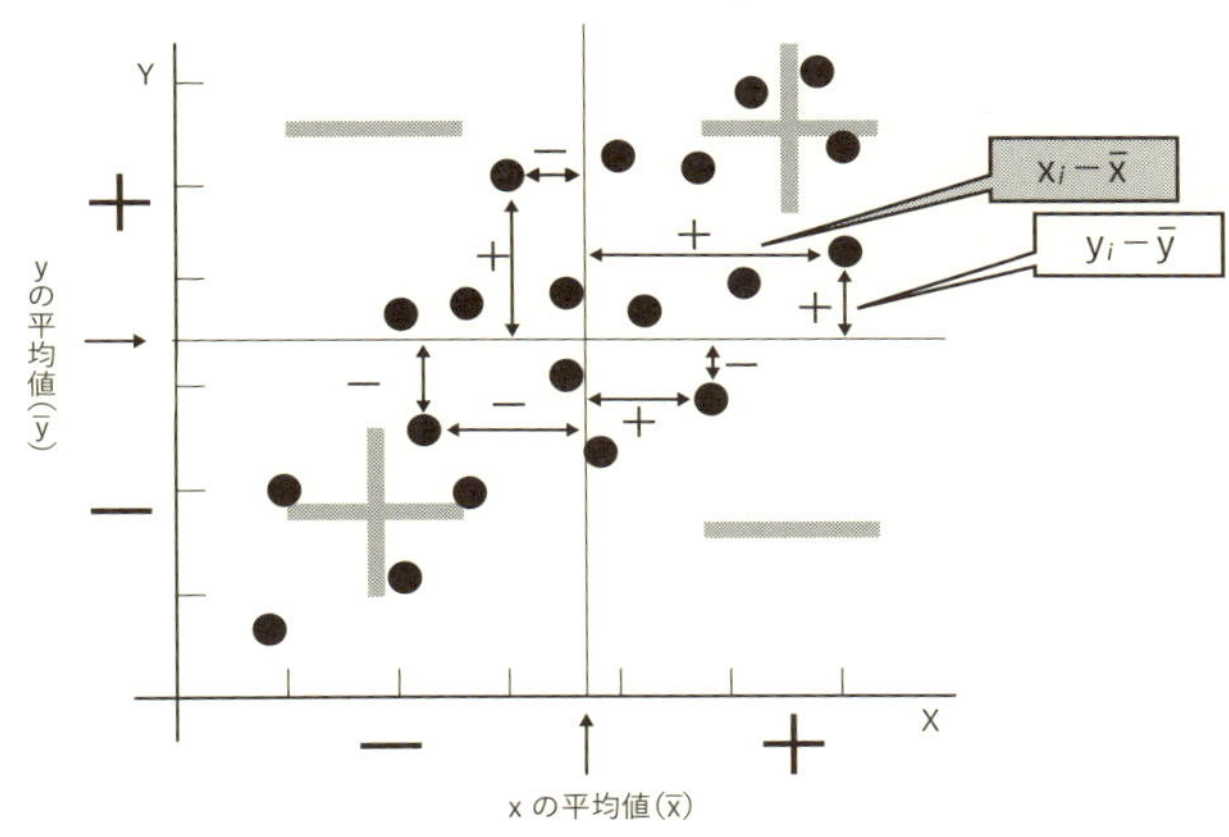

図3-1　共分散のイメージ

ということになる。かたや二卵性はというと、遺伝子の共有度が一卵性の半分なので、その共分散も一卵性の半分になる。つまり、

$$\frac{1}{N}\Sigma g1g2 = \frac{0.5}{N}\Sigma g^2 \quad \cdots\cdots(5)$$

となるのである。

共有環境と非共有環境

環境の双生児きょうだい間の共分散Σe1e2とは何を意味するのだろうか。きょうだいは家庭での生育環境や、家の外で２人そろって行動を共にするときに経験する出来事なども、ある程度共通であると考えられるだろう。ある家庭では厳しい親に、また別の家庭では甘い親に育てられるとか、あるペアは（一卵性、二卵性を問わず）そろってスポーツをするかと思えば、別のペアはそろって楽器を弾くなどのように。このような経験の共有が、２人に類似した表現型をもたらすことは想像に難

くない。これを「共有環境（common/shared environment）」の影響と呼ぶ。しかし当然のことながら、2人はいつも同じ経験をしているわけではなく、それぞれが別々の経験をすることもたくさんあるだろう。そのことによってきょうだい間にも違いが生まれてくる。これを「非共有環境（unique/nonshared environment）」の影響と言う。

そこで式（3）のe1とe2をさらに分解してみると、共有環境による部分（c）と非共有環境による部分（u）とに分けられることになる。つまり、

$$e1 = c1 + u1$$

$$e2 = c2 + u2$$

となるわけだが、c1とc2は、そもそもの定義がきょうだいの2人を同じように似させる環境の効果を意味しており、等しいことになるので、これをcと置くと、

$$e1 = c + u1$$

$$e2 = c + u2$$

となる。一方、u1とu2は逆に2人を異ならせる環境の影響であるから、共通部分はなく別物として扱わねばならない。そうすると式（3）の環境部分 $\frac{1}{N}\Sigma e1e2$ は、

$$\frac{1}{N}\Sigma e1e2 = \frac{1}{N}\Sigma(c + u1)(c + u2)$$
$$= \frac{1}{N}\Sigma(c^2 + cu2 + cu1 + u1u2)$$

となる。ここで非共有環境uは共有環境cとは無関係であることに注意されたい。非共有環

境が共有環境と関係があったら、それは「非」共有環境ではなくなってしまう。すると、$\Sigma cu1$ も $\Sigma cu2$ もゼロ、また２人の間の非共有環境も一人ひとりに固有な環境という定義からゼロになるので、

$$= \frac{1}{N}\Sigma c^2 \quad \cdots\cdots(6)$$

となる。

かくして、双生児の共分散を表した式（３）の遺伝共分散に一卵性では式（４）を、二卵性では式（５）を、そして環境共分散にはいずれも式（６）を代入すると、

一卵性　$\frac{1}{N}\Sigma t1t2 = \frac{1}{N}\Sigma g^2 + \frac{1}{N}\Sigma c^2$

二卵性　$\frac{1}{N}\Sigma t1t2 = \frac{0.5}{N}\Sigma g^2 + \frac{1}{N}\Sigma c^2$

となる。一卵性と二卵性の共分散を区別して、それぞれ CovMZ と CovDZ と表記すると、

$$CovMZ = \frac{1}{N}\Sigma g^2 + \frac{1}{N}\Sigma c^2 \quad \cdots\cdots(7)$$

$$CovDZ = \frac{0.5}{N}\Sigma g^2 + \frac{1}{N}\Sigma c^2 \quad \cdots\cdots(8)$$

となる。

こうなれば、遺伝分散 $\frac{1}{N}\Sigma g^2$ と共有環境分散 $\frac{1}{N}\Sigma c^2$ を求めるのは中学生でもできる二元連立方程式を解くだけの簡単な作業になる。

$$\frac{1}{N}\Sigma g^2 = 2(CovMZ - CovDZ)$$

$$\frac{1}{N}\Sigma c^2 = 2CovDZ - CovMZ$$

表3-4　身長と体重の分散の内訳（10組）

	全分散	一卵性共分散	二卵性共分散	遺伝分散	共有環境分散	非共有環境分散
身長	89.454	80.052	69.848	20.408	59.644	9.402
体重	79.049	43.866	91.389	-95.046	138.912	35.183

表3-5　身長と体重の分散の内訳（全サンプル）

	全分散	一卵性共分散	二卵性共分散	遺伝分散	共有環境分散	非共有環境分散
身長	75.533	67.833	54.626	26.414	41.419	7.700
体重	67.447	58.272	44.164	28.216	30.056	9.175

これまでの例をあてはめてみると、表３－４のようになる。身長は納得のいく数値となっているが、体重では遺伝分散が負の値、共有環境分散は全分散より大きいという不合理な数値になっている。この公式で一卵性と二卵性の共分散の引き算を可能にさせるのは、それを成り立たせている遺伝の絶対分散と環境の絶対分散が一卵性と二卵性の両方の卵性において等しい、つまり同じ母集団からのランダムサンプルであることが前提になっている。これが身長では一卵性の全分散が８３・８６、二卵性が９８・９４と大きくかけ離れていないが、体重においては一卵性が４８・０６であるのに対して、二卵性が１１３・８９と大きな違いがあるため、このような不合理な結果となってしまっているのである。さすがに、これまで挙げた一卵性、二卵性それぞれわずか10組のサンプルでは、この前提は満たされていないので、これをあてはめるのは不適切なのだ。だから双生児研究者はサンプル数をできるだけ大きくすることに多大な人的・経済

的努力を割くのである。

この計算を実際にするときには、この前提のもとで推測統計学を用いて推定しなければならず、これまでのような算術計算では求められない。それをするためには、遺伝と環境の絶対分散が一卵性と二卵性の両卵性において等しいことを仮定した、後述する構造方程式モデリングという手法を使う必要がある。その手法によってこの計算を全サンプルについて行うと、表3－5のようになった。

全分散に対する遺伝分散の比率＝遺伝率

ところで、ここで身長と体重のデータについて、その遺伝分散や環境分散を算出したが、それらはそもそも単位の異なる別の測度によるものなので、その遺伝や環境の絶対分散を比較することは、実のところあまり意味がない。もし絶対分散を関心の対象とするのであれば、それはたとえば同じ測度で得られる体重とか身長について、たとえば5歳のときと10歳のときのような年齢間で比較するとか、日本とアメリカのような文化間で比較するような場合ならば意味がある。たとえば、出生体重の分散を、白人と東洋人の間で、遺伝、共有環境、非共有環境の絶対分散で比較した研究[42]では、環境分散の大きさは両民族で等しく、違うのは遺伝分散のほうであるという興味深い結果が得られている（図3－2）。

絶対分散を比較することができるのは、その尺度が身長や体重のような絶対的なゼロ点を持

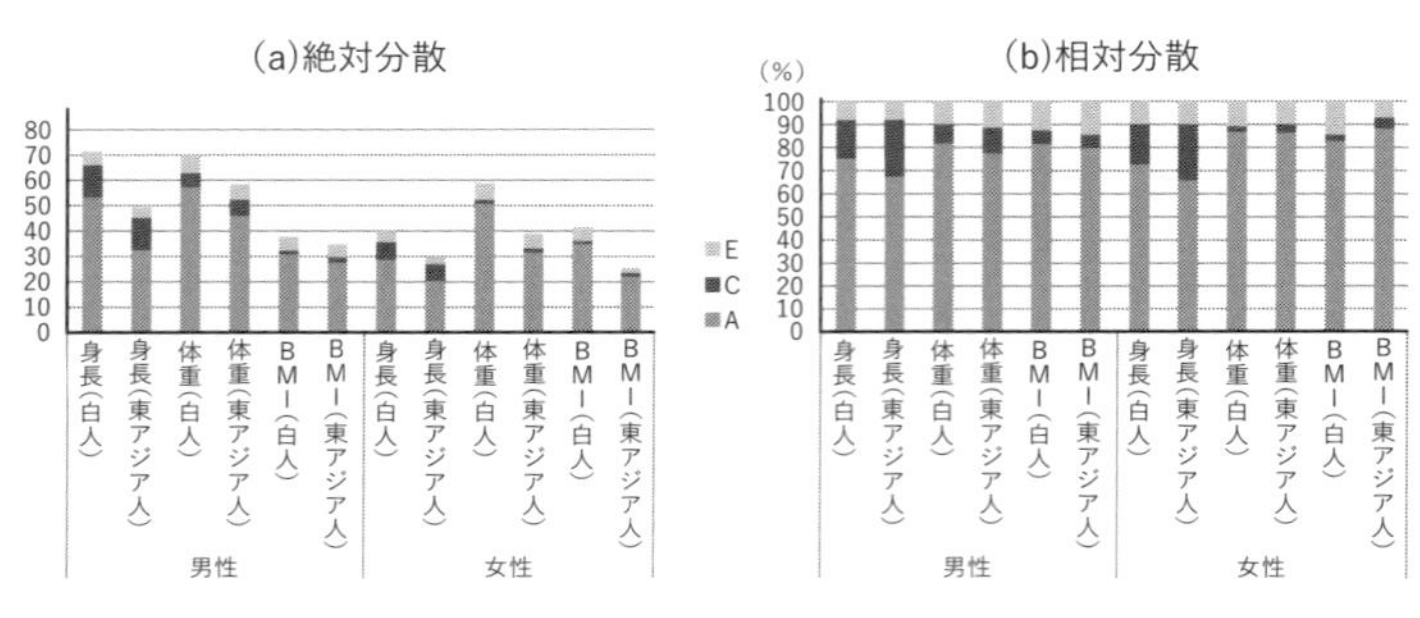

図3-2　民族別に見た身長、体重、BMIの遺伝分散と環境分散[42]
A：遺伝　C：共有環境　E：非共有環境

ち、目盛りの値に間隔性が保証されている絶対尺度か、少なくとも目盛りの等間隔性だけでも保証されている間隔尺度の場合である。多くの心理尺度は、基本的には目盛りの値が等間隔である保証はないが大きさの順序は保証されていると考えてよい順序尺度の域を出ず、その単位は原則として任意であるので、絶対分散を比較して意味があることは少ない。ただし、同じ心理尺度を異なる言語文化に翻訳し、文化間でも平均や分散が等しくなるように標準化されたテストを使う場合は、絶対分散を比較することも意味が出てくる。

しかしながら、遺伝分散と環境分散の絶対的な大きさではなく、それぞれを全分散に対する相対的な比率で考えれば、単位に依存しないで分散比をそのまま比較することができるようになる。つまり式（7）と（8）の両辺を、それぞれの形質の全分散（$VARt = \sqrt{(\Sigma t1^2 \Sigma t2^2) / N)}$）で割る。これはとりもなおさず、はじめから共分散ではなく、一卵性、二卵性それぞれの

相関係数rMZとrDZをもとにして計算をすることに等しい。すなわち、

$$CovMZ / VARt = rMZ = \frac{1}{N}\sum g^2 / VARt + \frac{1}{N}\sum c^2 / VARt \quad \cdots\cdots(9)$$

$$CovDZ / VARt = rDZ = \frac{0.5}{N}\sum g^2 / VARt + \frac{1}{N}\sum c^2 / VARt \quad \cdots\cdots(10)$$

ここから、

$$\frac{1}{N}\sum g^2 / VARt = 2(rMZ - rDZ) \quad \cdots\cdots(11)$$

$$\frac{1}{N}\sum c^2 / VARt = 2rDZ - rMZ \quad \cdots\cdots(12)$$ [*9]

この式（11）は遺伝で説明できる比率であり、「遺伝率（heritability）」と言う。同様に式（12）は共有環境で説明される比率である。また、遺伝でも共有環境でも説明できない部分である非

＊9　これらの式は一見煩雑だが、

$$CovMZ / VARt = rMZ = \frac{1}{N}\sum g^2 / VARt + \frac{1}{N}\sum c^2 / VARt \quad \cdots\cdots(9)$$

$$CovDZ / VARt = rDZ = \frac{0.5}{N}\sum g^2 / VARt + \frac{1}{N}\sum c^2 / VARt \quad \cdots\cdots(10)$$

$\frac{1}{N}\sum g^2 / VARt = X$とし、$\frac{1}{N}\sum c^2 / VARt = Y$とすると、

$$rMZ = X + Y \quad \cdots\cdots(9)'$$

$$rDZ = 0.5X + Y \quad \cdots\cdots(10)'$$

となり、

$$X = 2(rMZ - rDZ) \quad \cdots\cdots(11)'$$

$$Y = 2rDZ - rMZ \quad \cdots\cdots(12)'$$

と簡単になる。

共有環境の割合（$\Sigma e^2 / VARt$）は一卵性双生児の相関が完全な一致に満たない割合なので、

$$\frac{1}{N}\Sigma e^2 / VARt = 1 - rMZ \quad \cdots\cdots(13)$$

となる。

これまでの例をあてはめると、表3－6のようになる。

これを構造方程式モデリングで求めると、先の表3－5で求められた絶対分散から相対的な比率を計算すればよいので、表3－7となり、身長については比較的近い値が得られるが、体重では大きく異なる。これを全サンプルについて求めると、算術計算では表3－8となり、構造方程式モデリングでは、同じく先の表3－5から求めて表3－9となって、両者ともほぼ同じような値になる。このようにサンプル数が大きくなると、算術的に求めた値は推測統計学を用いた値に比較的近くなる。もちろん理論的には後で紹介する構造方程式モデリングによる推定値を求める必要があるが、遺伝と環境の大まかな比率を知りたいときには、目安として双生児相関から算術的に求めればよい。

このようにして、集団における全分散を遺伝分散、共有環境分散、そして非共有環境分散の絶対的大きさあるいは相対的大きさに分解して理解するというのが、行動遺伝学のスタンダードな分析の枠組みである。行動遺伝学はこのように「集団における分散の学」なのである。残念なことに、研究者を含むほとんどの人がこの分散、つまり集団が持つ個体差の広がりと、その個体差を生み出す要因の相対的な効果量というものから現象を見るという見方になじみがな

表3-6　双生児相関から求めた身長と体重の遺伝率と環境率の内訳(10組)

	一卵性双生児相関	二卵性双生児相関	遺伝率	共有環境率	非共有環境率
身長	0.955	0.706	0.498	0.457	0.045
体重	0.913	0.802	0.222	0.691	0.087

表3-7　構造方程式モデリングで求めた身長と体重の遺伝分散と環境分散の内訳(10組)

	全分散	遺伝分散	共有環境分散	非共有環境分散
身長	87.769	47.213 (0.538)	36.929 (0.421)	3.628 (0.041)
体重	80.030	32.386 (0.405)	43.614 (0.545)	4.031 (0.050)

カッコ内は全分散に占めるそれぞれの分散の割合を示す

表3-8　双生児相関から求めた身長と体重の遺伝率と環境率の内訳(全サンプル)

	一卵性双生児相関	二卵性双生児相関	遺伝率	共有環境率	非共有環境率
身長	0.938	0.712	0.452	0.486	0.062
体重	0.923	0.615	0.616	0.307	0.077

表3-9　構造方程式モデリングで求めた身長と体重の遺伝分散と環境分散の内訳(全サンプル)

	全分散	遺伝分散	共有環境分散	非共有環境分散
身長	75.902	35.102 (0.462)	36.347 (0.479)	4.453 (0.059)
体重	68.072	44.682 (0.656)	18.549 (0.272)	4.841 (0.071)

カッコ内は全分散に占めるそれぞれの分散の割合を示す

い。いや、「なじみがない」のではない。なぜなら分散それ自体は統計学のあまりにもありきたりな数値だが、それは別の目的のため（たとえば平均値の差を比較するときとか、最も影響力の大きい要因を探し出すなど）の手段としてしか用いられず、それ自体をこのように表に出して鑑賞することが少ない。そのため、行動遺伝学の知見が理解されにくいのである。

MAVAという冒険

分散には、このように加算性がある。あるものを作り上げている諸要因からなる分散を足し算していけば、もしその要因の間に相関関係がなければという条件つきのもとではあるが、そのあるものの全分散は、そのばらつき具合を作り上げているそれぞれの要素の分散の和になるというわけだ。これは逆に考えれば、全体の分散は、そのばらつきを作り上げている諸要因に由来する分散に分解することができるということでもある。ここで「それを作り上げている諸要因」を何と考えるかは、それを分析する側が設定することであり、それを抽出できるようにデータのとり方を設計することになる。

今日の行動遺伝学では、いま説明したように表現型の全分散を遺伝分散、共有環境分散、非共有環境分散に分けるのが常套だが、それはア・プリオリにそう決まっていなければならないわけではない。たとえばこの分け方は、環境については家族を類似させる側面としての共有環境と相違させる側面としての非共有環境という分け方をしているが、遺伝要因についてはその区別はない。しかし、考え方としては環境と同じように家族を類似させるような（家族間を異ならせるような）遺伝要因と家族内でも異ならせる遺伝要因のそれぞれからくる分散に分けてもかまわないはずである。さらに厳密に考えると、遺伝と環境の間には相関があって、遺伝的に才能のある人にはよりその才能を伸ばす環境が与えられるというような関係（遺伝環境間相関）があるかもしれないし、一卵性の家庭環境の影響と二卵性の家庭環境の影響が実は異なるかもしれない。こうしたことを考慮したうえで、より精度の高い遺伝と環境の影響を明らかにできないだろうか。

レイモンド・キャッテル（Raymond Cattell, 1905–1998）が行った「多変量抽象分散分析（multiple abstract variance analysis; MAVA）」ではそのような試みがなされている。[20] これは今日ほとんど使われることのない方法だが、このような分散からの行動遺伝学的アプローチの意味を理解するうえで重要なので、ここで紹介しておきたい。

ＭＡＶＡでは、ふたごに限らずさまざまな血縁関係にある人たちの表現型の分散が、遺伝要因と環境要因のどのような差異がもたらす分散から成り立っているのかを考える。それが表３－10ａに示すような多様な方程式で表現される。この表ではその最も基本的な式だけを紹介しているが、ここにはあらゆる種類の血縁関係の二者間からなる類似性の指標、すなわち共分散を想定し得る。式を作っている各項の意味は表３－10ｂにある通りで、これまでに登場しなかった養子家庭の親子の関係に現れる遺伝と環境の相関までが射程に入っている。ここで右

表3-10a　MAVAの方程式[20]

σ^2_{ITT}	$=\sigma^2_{we''}$	[1]
σ^2_{ITA}	$=\sigma^2_{we}+\sigma^2_{be}$	[2]
σ^2_{FTT}	$=\sigma^2_{wh}+\sigma^2_{we'}+2r_{wh\cdot we}\sigma_{wh}\sigma_{we'}$	[3]
σ^2_{ST}	$=\sigma^2_{wh}+\sigma^2_{we}+2r_{wh\cdot we}\sigma_{wh}\sigma_{we}$	[4]
σ^2_{SA}	$=\sigma^2_{wh}+\sigma^2_{we}+\sigma^2_{be}+2r'_{wh\cdot we}\sigma_{wh}\sigma_{we}[+2r''_{wh\cdot be}\sigma_{wh}\sigma_{be}]$	[5]
σ^2_{UT}	$=\sigma^2_{wh}+\sigma^2_{we}+\sigma^2_{bh}+2r'_{wh\cdot we}\sigma_{wh}\sigma_{we}+2r'_{we\cdot bh}\sigma_{we}\sigma_{bh}$	[6]
σ^2_{UA}	$=\sigma^2_{wh}+\sigma^2_{we}+\sigma^2_{bh}+\sigma^2_{be}+2r_{wh\cdot we}\sigma_{wh}\sigma_{we}+2r_{bh\cdot be}\sigma_{bh}\sigma_{be}$	[7]

表3-10b　MAVAの式の各項の意味

左辺		
1	$\sigma^2 ITT$	親に一緒に育てられた一卵性きょうだい間の分散
	$\sigma^2 ITA$	別々に育てられた一卵性の分散
2	$\sigma^2 FTT$	親に一緒に育てられた二卵性の分散
3	$\sigma^2 ST$	親に一緒に育てられた普通のきょうだいの分散
4	$\sigma^2 SA$	別々に育てられた普通のきょうだいの分散
5	$\sigma^2 UT$	血縁のない養い親に育てられた血縁のないきょうだいの分散
6	$\sigma^2 UA$	血縁もなく別々に育てられた人たち(一般母集団)の分散
右辺		
1	$\sigma^2 we$	家庭内の環境による分散
2	$\sigma^2 we'$	一卵性双生児の家庭内の環境による分散
3	$\sigma^2 we''$	二卵性双生児の家庭内の環境による分散
4	$\sigma^2 wh$	家庭内の遺伝による分散
5	$\sigma^2 be$	家庭間の環境による分散
6	$\sigma^2 bh$	家庭間の遺伝による分散
7	$rwh\cdot we$	家庭内の遺伝と環境間の相関
8	$rbh\cdot be$	家庭間の遺伝と環境間の相関
9	$r'wh\cdot be$	養子家庭特有の家庭内環境と家庭間遺伝の相関
10	$r''bh\cdot be$	養子のあっせん機関が実親の家庭的背景と養い親の家庭環境を同じようにそろえようとすることからくる相関

辺のσ^2で表されているのが抽象分散（abstract variance）、つまり目に見えないばらつきのもとであり、私たちにどの程度のばらつきを生じさせているのかをあぶり出すものである。

この通り、実際かなり複雑な方程式ではあるが、その気になってそれぞれの血縁関係の人たちの分散がどのような成分からなっているかをこの式に従って読み解けば、分散分析によるアプローチの一般的な考え方が理解できよう。そしてこれらは、基本的には下の10個の未知数を解くために、上の10種類の血縁関係の分散と共分散が得られれば、10元の連立方程式を解くという作業を指示しているに過ぎない。そしてその解法の方程式は表３－11で与えられるようなものになる。これは今日、コンピュータで処理することができる。重要なことは、どれだけ未知数が多くとも、それを解くのに必要な数の独立した連立方程式が立てられるような血縁者のデータさえ得られれば、それらを求めることができるということである。もちろん、別々に育てられた一卵性や同じ環境で育てられた血縁のない養子きょうだいから実際にデータを入手することは大変な作業である。しかしそれと、解くべき問題の理論的な複雑さとは別の話である。

表3-11　MAVAによる解法の方程式[20]

$$\sigma^2_{we} = 2\sigma^2_{UA} - .5\sqrt{2}\sigma^2_{BITTF} - \sigma^2_{SA} + .5\sqrt{2}\sigma^2_{BITAF} - .5\sqrt{2}\sigma^2_{BBF} + \sigma^2_{ITA} + (.5\sqrt{2}-1)\sigma^2_{BNF} \qquad [1]$$

$$\sigma^2_{we} = 2\sigma^2_{UA} - .7070\sigma^2_{BITTF} - \sigma^2_{SA} + .7070\sigma^2_{BITAF} - .7070\sigma^2_{BBF} + \sigma^2_{ITA} - .2930\sigma^2_{BNF} \qquad [1a]$$

$$\sigma^2_{we} = 2\sigma^2_{UA} + .7070\sigma^2_{BITTF} - \sigma^2_{SA} - .7070\sigma^2_{BITAF} + .7070\sigma^2_{BBF} + \sigma^2_{ITA} - 1.7070\sigma^2_{BNF} \qquad [1b]$$

$$\sigma^2_{we'} = 2r^2_{wh \cdot we}\sigma^2_{wh} - (\sigma^2_{wh} - \sigma^2_{FTT}) - r_{wh \cdot we}\sqrt{4r^2_{wh \cdot we}\sigma^4_{wh} - 4\sigma^2_{wh} + 4\sigma^2_{wh}\sigma^2_{FTT}} \qquad [2]^a$$

$$\sigma^2_{we''} = \sigma^2_{ITT} \qquad [3]$$

$$\sigma^2_{wh} = (.5+.5\sqrt{2})\sigma^2_{BITTF} - .5\sqrt{2}\sigma^2_{SA} + .5\sigma^2_{BITAF} - .5\sigma^2_{BBF} - (.5+.5\sqrt{2})\sigma^2_{BNF} + .5\sqrt{2}\sigma^2_{ITA} \qquad [4]$$

$$\sigma^2_{wh} = 1.2070\sigma^2_{BITTF} - .7070\sigma^2_{SA} + .5\sigma^2_{BITAF} - .5\sigma^2_{BBF} - 1.2070\sigma^2_{BNF} + .7070\sigma^2_{ITA} \qquad [4a]$$

$$\sigma^2_{wh} = -.2070\sigma^2_{BITTF} + .7070\sigma^2_{SA} + .5\sigma^2_{BITAF} - .5\sigma^2_{BBF} + .2070\sigma^2_{BNF} - .7070\sigma^2_{ITA} \qquad [4b]$$

$$\sigma^2_{be} = .5\sqrt{2}\sigma^2_{BITTF} + \sigma^2_{SA} - 2\sigma^2_{UA} - .5\sqrt{2}\sigma^2_{BITAF} + .5\sqrt{2}\sigma^2_{BBF} + (1-.5\sqrt{2})\sigma^2_{BNF} \qquad [5]$$

$$\sigma^2_{be} = .7070\sigma^2_{BITTF} + \sigma^2_{SA} - 2\sigma^2_{UA} - .7070\sigma^2_{BITAF} + .7070\sigma^2_{BBF} + .2930\sigma^2_{BNF} \qquad [5a]$$

$$\sigma^2_{be} = -.7070\sigma^2_{BITTF} + \sigma^2_{SA} - 2\sigma^2_{UA} + .7070\sigma^2_{BITAF} - .7070\sigma^2_{BBF} + 1.7070\sigma^2_{BNF} \qquad [5b]$$

$$\sigma^2_{bh} = \sigma^2_{BITTF} + \sqrt{2}\sigma^2_{SA} + (2+\sqrt{2})\sigma^2_{UA} - \sigma^2_{BITAF} + \sigma^2_{BBF} - \sigma^2_{BNF} - (2\sqrt{2}+2)\sigma^2_{HSA} \qquad [6]$$

$$\sigma^2_{bh} = \sigma^2_{BITTF} + 1.4141\sigma^2_{SA} + 3.4141\sigma^2_{UA} - \sigma^2_{BITAF} + \sigma^2_{BBF} - \sigma^2_{BNF} - 4.8282\sigma^2_{HSA} \qquad [6a]$$

$$\sigma^2_{bh} = \sigma^2_{BITTF} - 1.4141\sigma^2_{SA} + .5859\sigma^2_{UA} - \sigma^2_{BITAF} + \sigma^2_{BBF} - \sigma^2_{BNF} + .8282\sigma^2_{HSA} \qquad [6b]$$

$$r_{wh \cdot we} = \frac{.25\sigma^2_{BNF} - (.25\sqrt{2}+.5)\sigma^2_{ITA} - .25\sigma^2_{BITTF} + (.25\sqrt{2}+.5)\sigma^2_{SA}}{\sqrt{(.5+.5\sqrt{2})\sigma^2_{BITTF} - .5\sqrt{2}\sigma^2_{SA} + .5\sigma^2_{BITAF} - .5\sigma^2_{BBF} - (.5+.5\sqrt{2})\sigma^2_{BNF} + .5\sqrt{2}\sigma^2_{ITA}}} \times \frac{-(.25\sqrt{2}+.25)\sigma^2_{BITAF} + (.25\sqrt{2}+.25)\sigma^2_{BBF}}{\sqrt{2\sigma^2_{UA} - .5\sqrt{2}\sigma^2_{BITTF} - \sigma^2_{SA} + .5\sqrt{2}\sigma^2_{BITAF} - .5\sqrt{2}\sigma^2_{BBF} + \sigma^2_{ITA} + (.5\sqrt{2}-1)\sigma^2_{BNF}}} \qquad [7]$$

$$r'_{wh \cdot we} = \frac{(.25\sqrt{2}+.5)\sigma^2_{SA} - (.25\sqrt{2}+.5)\sigma^2_{BSF} + (.25\sqrt{2}+.25)\sigma^2_{BNF} - (.25\sqrt{2}+.25)\sigma^2_{BITTF}}{\sqrt{(.5+.5\sqrt{2})\sigma^2_{BITTF} - .5\sqrt{2}\sigma^2_{SA} + .5\sigma^2_{BITAF} - .5\sigma^2_{BBF} - (.5+.5\sqrt{2})\sigma^2_{BNF} + .5\sqrt{2}\sigma^2_{ITA}}} \times \frac{-.25\sigma^2_{BITAF} + .25\sigma^2_{BBF}}{\sqrt{2\sigma^2_{UA} - .5\sqrt{2}\sigma^2_{BITTF} - \sigma^2_{SA} + .5\sqrt{2}\sigma^2_{BITAF} - .5\sqrt{2}\sigma^2_{BBF} + \sigma^2_{ITA} + (.5\sqrt{2}-1)\sigma^2_{BNF}}} \qquad [8]$$

$$r'_{we \cdot bh} = \frac{(\sqrt{2}+1)\sigma^2_{HSA} + (1-.25\sqrt{2})\sigma^2_{BNF} - .5\sqrt{2}\sigma^2_{SA} - (.2+.5\sqrt{2})\sigma^2_{UA}}{\sqrt{2\sigma^2_{UA} - .5\sqrt{2}\sigma^2_{BITTF} - \sigma^2_{SA} + .5\sqrt{2}\sigma^2_{BITAF} - .5\sqrt{2}\sigma^2_{BBF} + \sigma^2_{ITA} + (.5\sqrt{2}-1)\sigma^2_{BNF}}} \times \frac{+(.5-.25\sqrt{2})\sigma^2_{BITAF} + (.25\sqrt{2}-.5)\sigma^2_{BITTF} + (.25\sqrt{2}-.5)\sigma^2_{BBF} + .5\sigma^2_{UT}}{\sqrt{\sigma^2_{BITTF} + 2\sigma^2_{SA} + (2+\sqrt{2})\sigma^2_{UA} - \sigma^2_{BITAF} + \sigma^2_{BBF} - \sigma^2_{BNF} - (2\sqrt{2}+2)\sigma^2_{HSA}}} \qquad [9]$$

$$r_{bh \cdot be} = \frac{(.5+.25\sqrt{2})\sigma^2_{BITAF} - (.5+.25\sqrt{2})\sigma^2_{BITTF} - (.5+.5\sqrt{2})\sigma^2_{UA} - (.5+.25\sqrt{2})\sigma^2_{BBF}}{\sqrt{.5\sqrt{2}\sigma^2_{BITTF} + \sigma^2_{SA} - 2\sigma^2_{UA} - .5\sqrt{2}\sigma^2_{BITAF} + .5\sqrt{2}\sigma^2_{BBF} + (1-.5\sqrt{2})\sigma^2_{BNF}}} \times \frac{-(.5+.5\sqrt{2})\sigma^2_{SA} + (\sqrt{2}+1)\sigma^2_{HSA} + (.5+.25\sqrt{2})\sigma^2_{BNF}}{\sqrt{\sigma^2_{BITTF} + \sqrt{2}\sigma^2_{SA} + (2+\sqrt{2})\sigma^2_{UA} - \sigma^2_{BITAF} + \sigma^2_{BBF} - \sigma^2_{BNF} - (2\sqrt{2}+2)\sigma^2_{HSA}}} \qquad [10]$$

5　構造方程式モデリングと単変量遺伝解析のパス図

よりわかりやすく洗練されたアプローチ

それにしてもMAVAのような複雑な方程式を目の当たりにすると、やはりわかりにくさのほうが先に立ってしまうのはやむを得まい。いや、すでに前節で遺伝、共有環境、非共有環境の3因子の寄与率を求めるために紹介した数式ですら面倒に感じる人は少なくないだろう。頭の中で数式の各項の関係を生き生きと思い描くことのできる人は必ずしも多くはないと思われる。これは実は研究者とて同様である。

今日のふたご研究が行うデータ解析は、構造方程式モデリングという統計手法によって、キャッテルがMAVAの方程式を解いたころに比べるとはるかにわかりやすく、しかも洗練されたものになった。わかりやすさについては、データ解析の仕組みを図で表現することで、視覚的な理解が可能になった（図3－3）。このような図をパス図と言う。ここで紹介するのは、これまでのように身長なり体重なりある1つの表現型の遺伝と環境の影響を解析する手法であり、「単変量遺伝解析」と言う。そして、こうして図示された関係を専用の統計解析プログラムで表して実際のデータを投入すれば、図中に片方向の矢印で示されている因果関係や両方向の矢印で示されている相関関係の大きさがどのような値になるかを求めることができる。統計解析プログラムはいくつも開発されており、それぞれにプログラムの書き方や動かし方が異なるのでここでは触れない。実際、構造方程式モデリング自体は非常に高度な統計手法で、いわばあらゆる多変量解析を統合したようなものであり、これを理解してプログラムを扱えるようになるまでにはかなりのトレーニングを必要とする。しかしそこでやろうとしていることは、このようなパス図で描かれた変数間の関係を数量的に求めることであるので、本書ではあくまでも考え方を知ってもらうことに限定して説明をする。

パス図の読み解き方

図3－3に示したパス図を詳しく説明しよう。このうち左の2つは一卵性のふたごきょうだいの一方をMZ1とし、もう一方をMZ2としたときのそれぞれの間の遺伝と環境の関係を表したものである。四角いボックスがふたごきょうだいの得点を表し、実際に測定されたもの（MAVAの方程式では左辺にあたる）からなる（これは個人の得点ではなく、ある集団に属する人々の——ここでは一卵性双生児の片方の——分散であることに留意されたい）。一方、丸の囲みは観察された分散を説明する。MAVAで言えば表3－10aの方程式の右側にあたる。ふたごのいずれも、その個人差を作るのは遺伝A、共有環境C、非共有環境Eであり、きょうだいのそれぞれにこれ

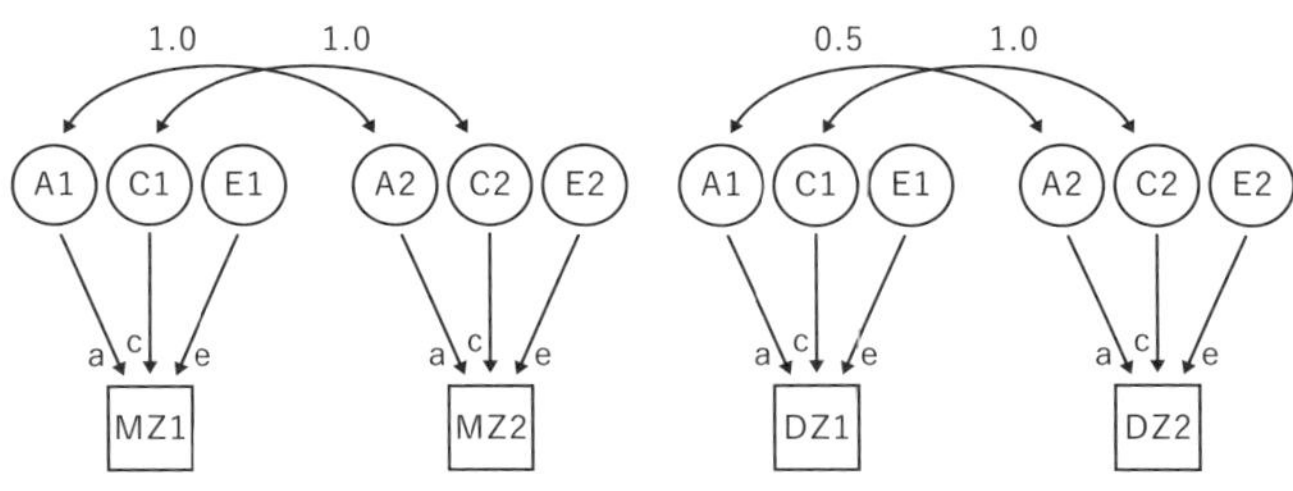

図 3-3　単変量遺伝解析のパス図

A1、A2：遺伝要因　C1、C2：共有環境要因　E1、E2：非共有環境要因
MZ1、MZ2：一卵性双生児きょうだいそれぞれの表現型値
DZ1、DZ2：二卵性双生児きょうだいそれぞれの表現型値
a：遺伝要因の寄与　c：共有環境の寄与　e：非共有環境の寄与
（寄与率はそれぞれ a^2、c^2、e^2）

らが何らかの重みづけをもって影響を及ぼしている様子が矢印で描かれる。矢印の方向は因果関係があることを意味しているので、遺伝、共有環境、非共有環境のそれぞれの個人差が要因となってある表現型の個人差を作っていることを意味する。そして遺伝要因Ａから引かれた矢印ａが遺伝の寄与を表す数値（実際は分散という二乗の単位なので a^2 がその寄与率になるような値となる）、矢印ｃが共有環境要因の寄与、矢印ｅが非共有環境要因の寄与となる。この図はあくまでも理論的にどのように考えているかという仮説を表現したものであることに留意してほしい。つまり研究者側の考えるやり方に従って、自由に作ることのできるモデルだということである（もちろんそのモデルに理論的・統計的な妥当性がなければ、結果が無意味になったり、そもそも統計プログラムが最後まで動かないでエラーメッセージが出たりするが）。モデルを走らせる前は、ａ、ｃ、ｅの値はいくつかわからな

い。そしてそのプログラムを動かすということは、そのモデルのもとでa、c、eの数値がいくつになるかを求めること、つまりa、c、eを未知数とする方程式を解くことを意味するのである。

ふたごの関係を表すこの図で重要なのは、これらふたごの一方（MZ1）を作る遺伝（A1）、共有環境（C1）、非共有環境（E1）と、ふたごのもう一方（MZ2）の遺伝（A2）、共有環境（C2）、非共有環境（E2）との関係である。先に環境について説明しよう。共有環境（C1とC2）は、「共有している」ということ、つまり一卵性でも二卵性でも、そのきょうだい2人の間には同じ影響力が効いているという定義を表現することになる。これはC1とC2の間の相関を1・0と設定することに等しい。非共有環境（E1とE2）は、これも「共有していない」ということ、つまりきょうだい間にはまったく関係がないことを意味するので、この間の相関を0（ゼロ）に設定することになる。図では、両者の間に矢印が引かれていないことでそれが表現されている。

またきょうだい2人のA、C、Eから引かれた矢印の値a、c、eが、一人ひとりについて異なるわけでも、卵性によって異なるのでもなく、いずれもa、c、eという同じ文字で表されているのは、遺伝、共有環境、非共有環境の寄与の大きさ自体が、きょうだい一人ひとりによって異なるわけでも、卵性によって異なるわけでもなく、基本的に誰にとっても等しい普遍的な重みであることを表現している。ここでたとえばもし卵性によって寄与が違うという仮説のもとでモデルを作りたい場合は、この値が異なるようなモデルを立てる。本書では扱わないが、男女で遺伝と環境の寄与が異なることを仮定したモデルでは、異性双生児の場合にａ、ｃ、ｅの値を性ごとに異なる値と仮定したモデルを立てることがある。

一卵性と二卵性で異なるのは遺伝要因（A1とA2）である。一卵性双生児は遺伝的に等しいので、共有環境と同じく、その間の相関係数を１・０に設定する。一方、二卵性双生児（DZ1とDZ2）は半分の遺伝子を共有するので、その間の相関係数は０・５になる。ここではこのように一卵性と二卵性の関係のみを取り上げているが、この図を応用すれば、あらゆる血縁関係を同様な形で表現できる。たとえばいとこであれば、遺伝的な関係は８分の１、共有環境は（たいがい別々に住んでいるから）０になるし、血のつながっていないきょうだいであれば遺伝的な関係は０、共有環境は１・０になる。

ここで描いたモデルを、そのまま専用の統計プログラムの形式で表現し、それによって未知数である因果の矢印や相関の双方向矢印の値を推定してやればよい。「推定」というのは、このパス図で表現された因果モデルに対して、実際のデータが作る実際の相関関係（正確に言えば共分散行列）ができるだけ導かれるような未知数を推定することを意味する。行動遺伝学の分析では、遺伝分散、共有環境分散、非共有環境分散の３つを未知数とする連立方程式を解くことである。これが学校で習う連立方程式を解くのとちょっと違うのは、そのもとのデータの相関関係と完全に一致するような解を得ることは、飽和モデル、つまり数学的にもとのデータを再現できるような変換から成り立っているようなモデルでない限りあり得ず、実際は近似的

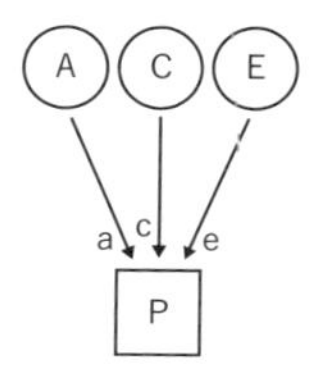

（a）ACE モデル

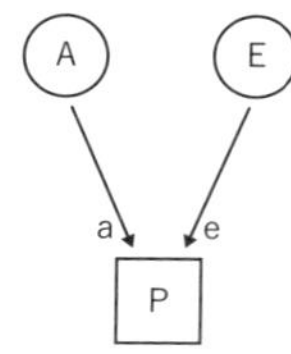

（b）AE モデル

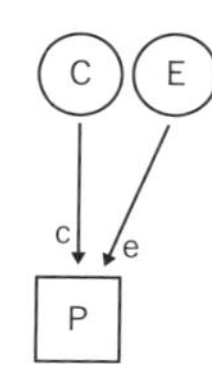

（c）CE モデル

図 3-4　単変量遺伝解析の下位モデル
P：表現型値

な解を計算してくれるということだ。

環境論も無視しないACEモデル

これまで用いてきた身長と体重の一卵性と二卵性のデータを構造方程式モデリングも用いて分析してみるとどうなるか。これはもはやこれまでのように算術的な計算ではない。はじめに仮説となるモデルありきである。一般にはこれまで説明したような遺伝、共有環境、非共有環境の3要因が関与するというACEモデル（図3－4a）を考える。これは「家族が似ているのは遺伝と共有環境が効いており、似ていないのは非共有環境が効いているモデル」である。それに対して「家族が似ているのはすべて遺伝によるのであって共有環境は関与していないモデル」というのが考えられる。これはCが効いていないのでAEモデルと言い、パス図で表すと図3－4bとなる。また、それとは反対に「家族が似ているのはすべて共有環境によるのであって遺伝は関与していないモデル」というのも考えられる。これがCEモデルで、図3－4cのようになる（図3－4では

表3-12　単変量遺伝解析における各モデルの適合度

	モデル	χ^2	自由度	AIC	A	C	E
身長	ACEモデル	17841.5	2751	12339.5	0.462	0.479	0.059
	AEモデル	17941.8	2752	12437.8	0.938	—	0.062
	CEモデル	18231.6	2752	12727.6	—	0.825	0.175
体重	ACEモデル	17795.4	2745	12305.4	0.656	0.272	0.071
	AEモデル	17822.9	2746	12330.9	0.927	—	0.073
	CEモデル	18246.8	2746	12754.8	—	0.761	0.239

図３－３のように卵性別のきょうだい関係をすべて表さず、それらを省略して１人分の構造しか描いていない。これ以降の図も基本的には１人分の図しか描かない場合が多いが、そこには描かれていない図３－３にあるような卵性別きょうだい間の関係がモデル化されている）。

その分析結果をこれまでの身長と体重のデータについて表したのが表３－12である。この表の中でＡＩＣにあるのが各モデルの適合度、すなわち実データがどれほどそれぞれのモデルで仮定された遺伝と環境の構造に近い値になっているかを表したもので、この値が小さいもの、つまり実データとモデルとのズレが小さいものほど、より妥当な結果と判断できる。絶対値が大きいのでわかりにくいかもしれないが、身長も体重も、ＡＣＥ、ＡＥ、ＣＥの３つのモデルの中ではＡＣＥモデルが最小の値になっていることがわかるだろう。すでに表３－９で紹介した遺伝と環境の分散の内訳は、この中で最も適合度の高いＡＣＥモデルを最適モデルと見なして、その解を紹介したのだった。ちなみに遺伝要因を仮定しないＣＥモデルは最も適合度が悪いことも見て取ることができる。

ＡＥモデルとＣＥモデルは、ともにＡＣＥモデルの一部分である。だが両者は真っ向から対立する。ＡＥモデルは「遺伝論モデル」であり、ＣＥモデルは「環境論モデル」であると言える。とくに知的能力や才能の由来をめぐっては、しばしば遺伝論と環境論が対立することがある。それもしばしば思い込みや願望だけを根拠に、遺伝か環境かどちらか一方だけからの一方的な議論に陥ることが少なくない。しかし、行動遺伝学はそのようなイデオロジカルな遺伝論者ではなく、ここで示すように環境だけで説明できるモデルも立て、それぞれを理論的に考え得る仮説としてモデル構築したうえで、その妥当性を実証的に検討する科学である。またここでＡＥモデル、つまり「遺伝論モデル」といっても、そこには非共有環境Ｅの影響が考えられていることも重要だ。それは「すべてが遺伝で決まる」というガチガチのモデルではない。いかに遺伝論モデルといっても、１００％遺伝によって決定され、一卵性双生児が完全に一致するということは、さすがにいかなる形質についてもないと考えている。しかもどんな形質の測定値にも誤差が入り込み、それも一卵性の間の不一致を生む。行動遺伝学では誤差も非共有環境の中に含まれるのが一般的である。したがってこの非共有環境Ｅをモデルから外すことはない。

かくして、ふたごの類似性から遺伝と環境の影響について研究する科学は、この章のはじめから紹介してきた、いわば手探りの状況から脱して、初めて科学的な方法論として成立したのである。そしてここで考えられたモデルが現実を反映しなければ、その近似の程度は悪くなり、実際のデータが導き出す共分散構造とモデルが導き出す共分散構造との間にはずれが生ずる。

いわゆる適合度が悪くなるのだ。この適合度を分析に際して同時に出してやることで、そのモデルがどのくらい現実を説明するモデルであるかを量的に評価することができる。また合わせて、この推定に際して、ここの未知数がどの程度の信頼性区間を持つのかを求めることもできる。構造方程式モデリングが分析手法として優れているのは、このようなモデルの評価や、各パスの信頼度の評価が量的にできるということなのである。

6　共分散で見る――2変量遺伝解析

ある形質と別の形質の遺伝的、環境的つながり

ここまでの単変量遺伝解析によって、ある形質に遺伝要因と環境要因がどのくらい関わっているのかはわかる。これはいわば地図の中にある一地点の位置を確認するようなものだ。その形質に遺伝と環境がどの程度関与しているかを明らかにすることは、いわば、ある町がどんな町かを地図で知るようなものである。それが平地にあるか、山の中腹にあるか、そこに学校や病院やお寺があるかどうかを知ることに似ている。地図がそのような役目を果たしてくれることの意義はもちろん大きい。しかし、地図を眺めることのさらなるご利益は、その町とそこか

ら離れた他の町や山や港などの地点の位置関係、ひいてはいろんな地点の位置関係と、それをつなぐ地形やルートを上から眺めることができることである。ふたご研究においてそれにあたるのが「多変量遺伝解析」だ。ある形質が別の形質と遺伝的、環境的にどのようなつながりがあるかを明らかにしてくれるのだ。ふたごの統計解析を飛躍的に意義深いものにしているのは、まぎれもなくこの多変量遺伝解析である。

その基本はやはり分散の解析にある。ただし、ここで単変量と異なるのは、複数の変数を橋渡しするばらつき、つまり共分散がその関心事になるということだ（単変量遺伝解析でもふたごきょうだい間の共分散を用いているが、ここでは複数の変数間の共分散、もっと正確に言えば複数の変数間のふたごきょうだい間の共分散を用いるのだ）。その中で最も単純なのは2つの変数（たとえば身長と体重、国語の成績と英語の成績、出生時の体重と思春期のときの体重など）の間の遺伝と環境の関係を見る2変量遺伝解析である。その考え方は次のようなものである。

遺伝の影響は時間とともに変化する

たとえば6歳のときのＩＱと12歳のときのＩＱとの間に0・5の相関があったとしよう。つまり6歳のときに高いＩＱだった人は、12歳のときもある程度高く、6歳のときに低いＩＱだった人は、12歳のときもある程度低い傾向にあることを意味する。もしこのようなＩＱの高低の安定性が遺伝要因によるものであれば、6歳のときのふたごきょうだいの一方のＩＱと、

12歳のときのそのもう一方のふたごきょうだいのＩＱとの相関（図３－５のたすきがけの矢印部分で、これを「クロス相関」と言う）は、一卵性では高いが二卵性ではそれほど高くないという、単変量で考えたときと同じ考え方があてはまる。しかし、もし共有環境が関わっているとしたら、二卵性のクロス相関は遺伝だけによる場合よりも大きな値になるだろう。そして同じ人の中でこの2時点間に０・５という相関がありながら、きょうだい間では相関がないとしたら、それはそれぞれの個人に特有な非共有環境だけが、その長期的なＩＱの持続性に関与していることになる。

この関係をパス図で表すと図３－６になる。心理的形質の発達について遺伝というと、一生変わらないとか、決まっているという先入観を持ちがちだが、ふたごの実際のデータをこういうモデルで分析すると、遺伝要因の影響が時間とともに変化していることがわかる。また、2つの形質の表現型に相関がある場合、概してそれは環境が媒介する以上に遺伝が媒介している場合が多いことも示されている。これらは次章で詳しく説明する。

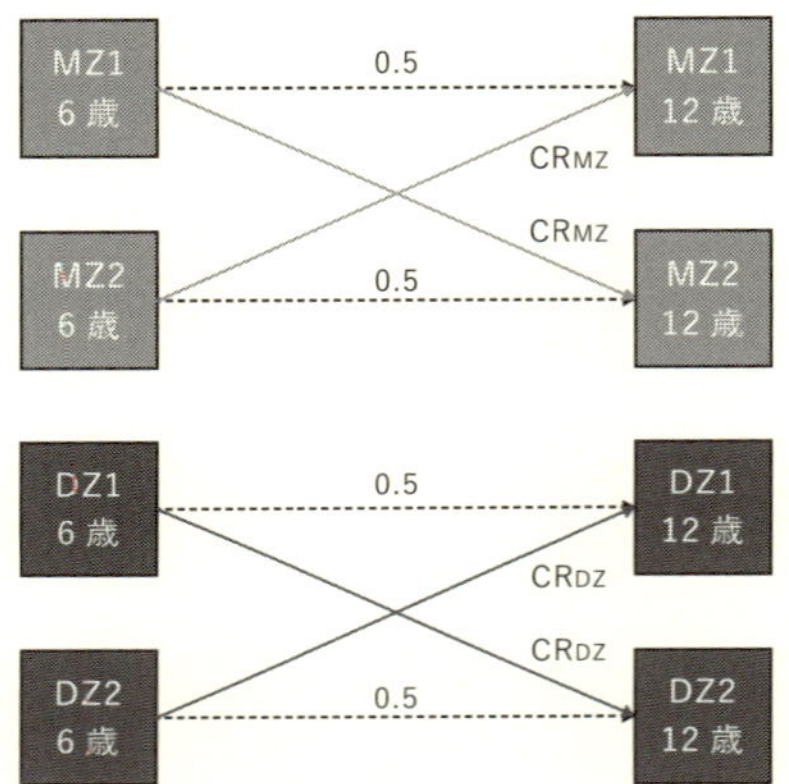

図 3-5　双生児きょうだいのクロス相関
CR：クロス相関

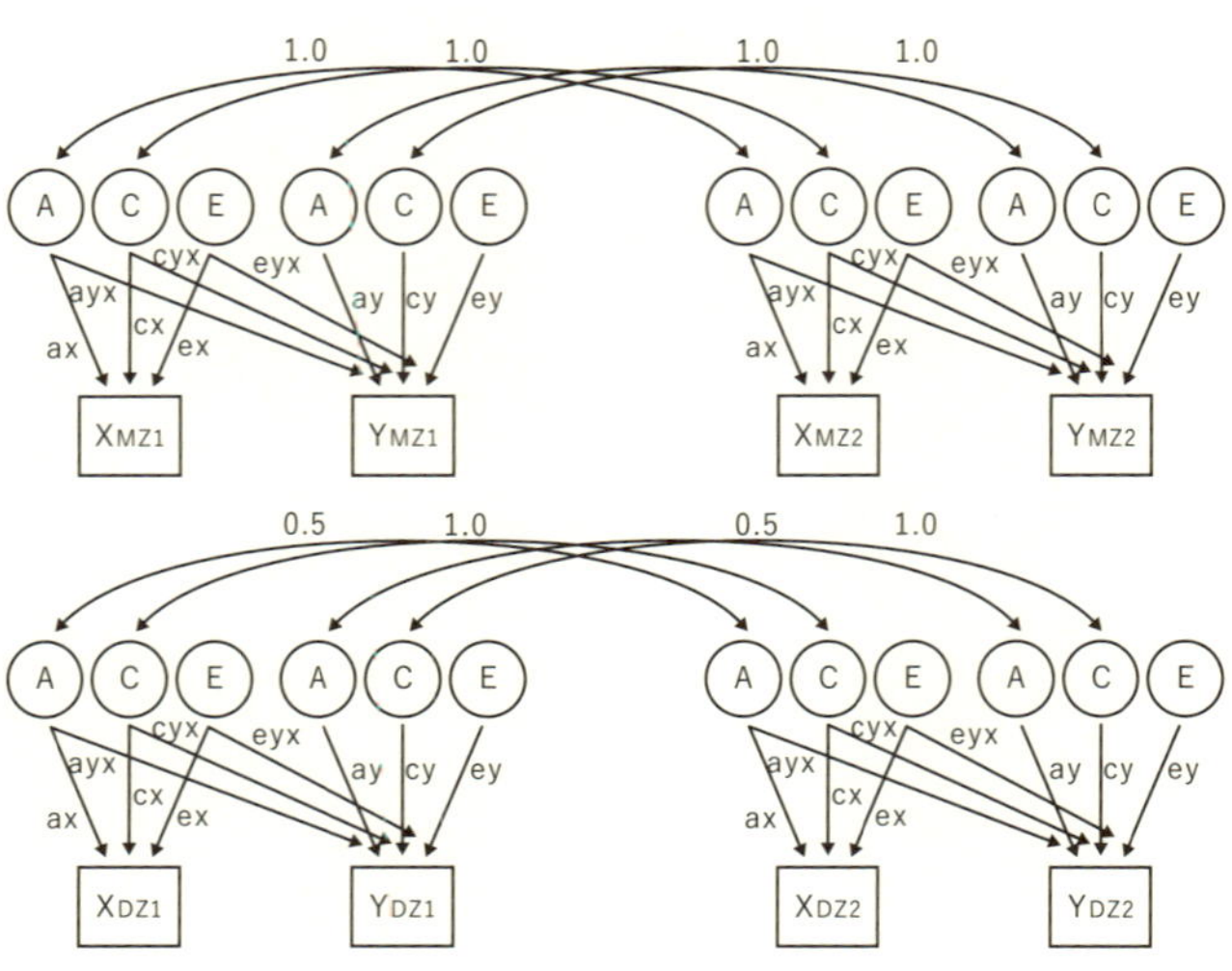

図 3-6　2 変量遺伝解析のパス図
X、Y は異なる 2 つの表現型

7　2変量から多変量コレスキー分解、そして多変量遺伝解析へ

進化を続ける解析手法

2変量解析は、さらに3変量、4変量……と、研究の対象としたい必要な変数の数に応じて、任意の数に拡大することができる。そのときも基本的には2変量と同じようなモデルを図3－7のように立てていくことになる（この図は双生児のきょうだいの関係を表しているのではなく、1人の中での3つの変数間の遺伝と環境の構造を描いている。その図のどの変数（四角で表されたもの）の背後にも、図3－3に描いたように双生児きょうだいの関係が描かれているのだが、それらは基本的にすべて図3－3と同じなので省略し、図3－4のように1人分についてのみ描かれている）。これによって、あらゆる変数間の遺伝と環境の相関関係、媒介関係を知ることができる。この解析法は、線形代数学でコレスキー分解と呼ばれる方法で、任意の正方行列を上三角行列とその転置行列の積に分解させるものだ。多変量遺伝解析で用いられるふたごきょうだいの諸変数間の分散と共分散は、必ず対称行列（対角線を挟んで上下が対称になる行列）になるので、それを作り出すようなあらゆる多変量間の相関関係がこの形で遺伝、共有環境、非共有環境の相関に分解できる。

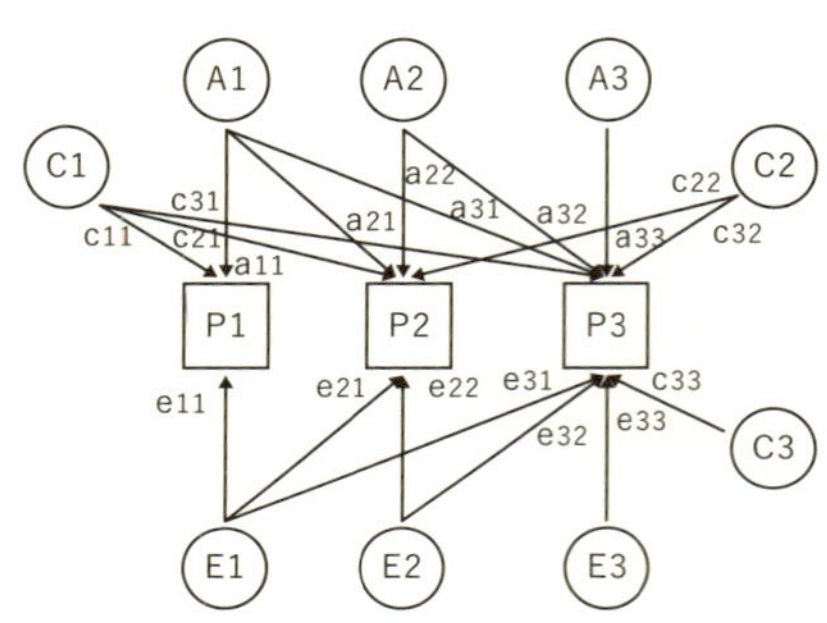

図3-7　コレスキー分解（3変量の場合）

このあたりになると統計学的にかなり高度で複雑な世界に入り込むことになり、本書の範囲を超えるので、他書[3]を参照されたい。次章で紹介するふたごによる行動遺伝学研究の最近の成果の多くは、基本的にはこれら多変量遺伝解析によるものである。

本章では、ふたごの類似性を表現し、そこから遺伝の影響を数値化するためのさまざまな方法を歴史的に追ってみた。目に見えない現象を「数値化」すること、そしてその数値をさらに利用して、その現象の仕組みを明らかにすることは、科学のあらゆる営みについてまわる。ふたごのデータの扱い方は、いまでこそ構造方程式モデリングを用いたスタンダードな手法が確立し、誰もがACEモデルで分析するようになった。それはもはやルーティン化し、次章で紹介するように、行動の遺伝と環境に関する頑健な一般的知見を得るまでに至っている。しかしそこまでの道のりは、本章で記したように手探りでの長さがあった。

ここで全体をまとめてみよう。20世紀前半、双生児の類似性からさまざまな遺伝規定性を表す尺度を作っていた時代は、ひたすらある単一の形質についての遺伝の強さを不器用に数値化するにとどまっていた。それが今日の構造方程式モデリングのような洗練されたモデル化に至らなかったのは、もちろんコンピュータの開発と普及の前だったという技術的な理由もある。しかしそれ以上に、単に遺伝の影響の有無や強度を知ればよいという単純な研究動機から、遺伝と環境がどのように関わり合って個人差を作り上げていくのかということへの理論的な関心が高まったことが、技術の利用に対するモチベーションであったと考えられる。その理論的関心を支える統計的な概念化としての、遺伝、共有環境、非共有環境によるモデル化が、現在に至る量的遺伝学の標準的モデルとして定着するようになり、双生児法による行動遺伝学的分析は飛躍的に進歩したのである。

第4章

ふたご研究から見えること

1　行動遺伝学の3原則

デフォルトとなる知見

行動遺伝学には2000年にエリック・タークハイマーが「3原則」と名づけた有名なテーゼがある。[110] それは次の3つである。

第1原則　ヒトの行動特性はすべて遺伝的である。
第2原則　同じ家族で育てられた影響は遺伝子の影響より小さい。
第3原則　複雑なヒトの行動特性のばらつきのかなり部分が遺伝子や家族では説明できない。

これらはそれぞれ、前章で説明した遺伝要因、共有環境要因、非共有環境要因に関する人間の心理的・行動的形質の特徴を述べたものだ。つまり「あらゆる行動特性の個人差には遺伝要因の差異が関与している」（遺伝要因の普遍性）、「共有環境要因は遺伝要因より小さい（あるいはない場合が多い）」（共有環境の希少性）、「非共有環境要因が行動の大きな部分を説明する」（非共有環境の遍在性）ということである。

この簡潔にして要を得たまとめは、人間行動に及ぼす遺伝と環境の影響を理解するうえで、いまに至るまでデフォルト（何の条件や制約が与えられなかったときの標準的な状態のこと。ここでは仮に双生児データによる実証的な研究がなくとも、まずは想定してよい標準的な考え方を指す）となる知見として、心理学者、社会科学者たちは念頭に置いておくべき知見だと言える。

飛躍する研究を踏まえた新たな知見

それから15年ほどの歳月を経た今日、ふたご研究は第1章で紹介したグラフが示すようにますます活発になり、行動遺伝学的な知見の蓄積量も飛躍的に増大してきている。これらを踏まえて、プロミンはさらに「行動遺伝学の10大知見」として、以下のように要約している。[85]

①あらゆる行動には有意で大きな遺伝的影響がある。
②どんな形質も１００％遺伝的ではない。
③遺伝子は数多く、一つひとつの効果は小さい。
④表現型の相関は遺伝要因が媒介している。
⑤知能の遺伝率は発達を通じて増加する。

⑥年齢間の安定性は主に遺伝による。
⑦環境にも有意な遺伝要因が関わっている。
⑧環境と心理的形質にも遺伝的媒介がある。
⑨環境要因のほとんどは家族で共有されない。
⑩異常は正常である。

タークハイマーの「3原則」は、このプロミンの「10大知見」では「①あらゆる行動には有意で大きな遺伝的影響がある」「②どんな形質も100％遺伝的ではない（＝どんな形質にも環境の影響がある）」そして「⑨環境要因のほとんどは家族で共有されない（＝環境要因のほとんどが非共有環境である、ゆえに共有環境の影響は少ないか、ない）」として表現されている。しかしそれ以外に、7つもの新しい知見が追加された。3原則は、基本的には単変量遺伝解析の結果から導き出された知見だった。しかしその後、数多くの縦断研究を含む多変量遺伝解析と分子遺伝学的研究が、それに続く新たな知見をもたらしたのである。

それでは1つずつ見ていこう。

2　不動の10大知見

①あらゆる行動には有意で大きな遺伝的影響がある

タークハイマーの3原則でも第1に挙げられた、行動の個人差に及ぼす遺伝要因の影響の普遍性は、ここでも第1に挙げられる。「個人差あるところ、遺伝あり」は、もはや人間の行動について考えるときのデフォルト的な前提、つまりまだ科学的データがない場合でも、とりあえずの出発点として考えておいてよい前提である。もし遺伝要因がまったく反映されない行動特性、つまり環境の違いだけで個人差の説明がつくような行動特性が見つけ出されたとしたら、むしろそのほうが例外であり大発見である。[*10]

ここで強調したいのは、行動に及ぼす遺伝的影響の大きさの多くが、複数の研究の結果をさ

＊10　たとえば「方言」などは遺伝要因が関与しない完全に環境で決まっている形質のように思われる。しかし大阪弁を話す人が東京で生活するようになったとき、それでも大阪弁を話し続けるか、それとも東京弁に染まるかといった個人差を調べてみれば、おそらくそこに遺伝要因の関与が見出されるだろう。

らに統計的に要約してまとめ上げたメタ分析によって確かめられ、単独の研究では達成できないほど大きなサンプルから、大きな効果量を持った値として推定されているという点だ。

IQの遺伝率

ふたご研究がこれまでに取り上げてきた行動特性の中で、最も頑健な知見が蓄積されているのは知能（いわゆるIQ、あるいは一般知能）であり、メタ分析だけでも複数ある。これらは世界各国（といってもアメリカ、ヨーロッパ、オーストラリアのみで、日本を含めてアジアからの貢献は、残念ながらこれらメタ分析の中には含まれていないが）の双生児のデータから、全分散の50％以上を遺伝要因が説明することが確かめられている。中でも古典的なデータ(32)（これを修正したもの(12)）からのメタ分析(22)では、同環境一卵性双生児4672組の相関が0・86、異環境一卵性65組の相関が0・72、同環境二卵性5533組の相関が0・60であり、相加的遺伝要因[*11]が0・32（32％）、非相加的遺伝要因が0・19（19％）、合わせて0・51（51％）という値が算出されている。また新しいアメリカ、オランダ、イギリス、オーストラリアの1万組を超す双生児の知能のメタ分析(39)では、一卵性4809組の相関が0・76（95％信頼性区間0・75〜0・77）、二卵性5880組の相関が0・49（0・47〜0・51）であり、それを児童期、青年期、成人期初期に区別して遺伝、共有環境、非共有環境の割合とともに算出すると表4－1のように遺伝率は41〜66％で比較的狭い信頼性区間の範囲内で推定される（このデータについては知見⑤

表4-1　知能における双生児相関と遺伝、環境の割合[39]

	一卵性	二卵性	遺伝	共有環境	非共有環境
児童期 n=2680	0.74 (0.71-0.77) n=1089	0.53 (0.49-0.57) n=1591	0.41 (0.34-0.49)	0.33 (0.26-0.39)	0.26 (0.24-0.28)
青年期 n=4934	0.73 (0.70-0.74) n=2222	0.48 (0.43-0.49) n=2712	0.55 (0.49-0.61)	0.18 (0.13-0.24)	0.27 (0.25-0.28)
成人期初期 n=3075	0.82 (0.80-0.83) n=1498	0.48 (0.44-0.51) n=1577	0.66 (0.58-0.73)	0.16 (0.08-0.23)	0.19 (0.17-0.20)

カッコ内は95%信頼性区間、nはペア数

「知能の遺伝率は発達を通じて増加する」でも触れる）。

学業成績の遺伝率

知能を測るための知能検査は、もともと学校への適応度を診断する適性検査として開発されたものだから、やはり学業成績の遺伝率も高い値が示されている。欧米10か国の17の独立したサンプルからなる研究をまとめたメタ分析[13]では、一卵性２３０８５組の相関が０・７４７（標準誤差０・０１５）、二卵性２８４６０組の相関が０・５５１（０・０１８）で、そこから算出された遺伝率は０・４００（０・０２４）、共有環境０・３６１（０・０２６）、非共有環境０・２５３（０・０１５）であった。これはおおむね児童期の

＊11　「相加的遺伝要因」とは、個々の遺伝子の効果量が互いに足し算として効くような遺伝要因。「非相加的遺伝要因」とは、遺伝子同士の組み合わせによって、それぞれの遺伝子の足し算では説明できないような効果を持つ遺伝要因。メンデルの「優性」「劣性」は非相加的遺伝要因の一種である。

知能の遺伝と環境の割合と同程度である。しかし学業成績はとりわけ児童期の初期には知能以上に遺伝規定性が高いという報告もある。[55]この発見が、教育に対して持つ意味は極めて大きい。もちろんだからと言って、学業成績の個人差が遺伝によってほとんど決まっているわけではない。学業成績は、知能とともに、後で触れる知見⑨「環境要因のほとんどは家族で共有されない」という発見に例外的に反していて、共有環境、つまり家庭環境の影響もそれなりに大きいことがわかっている。したがって家庭の教育やしつけのあり方によって、学業成績を高めることは可能だ。しかし遺伝も家庭環境も、いずれも子ども本人にとってはほとんどどうすることもできない要因である。一人ひとりのレベルで変えることのできる学習環境の違いが学業成績の向上に及ぼす効果は、期待に反して極めて少ないと言わざるを得ないことになる。このテーマはとても大きな教育の問題を呼び起こすことになるので本書では扱わず、他の拙著[4]を参照されたい。

パーソナリティの遺伝率

パーソナリティで11か国（アジアでは韓国を含む）、62の研究の3万組を超す双生児データから得られた遺伝率とその95％信頼性区間は、アイゼンク尺度（外向性、神経質、精神病質からなる）で0・44（0・42〜0・47）、テレゲン尺度（ポジティブ感情、ネガティブ感情からなる）で0・53（0・49〜0・56）、ビッグ・ファイブで0・48（0・45〜0・51）、まとめて0・

４７（０・４５〜０・４９）と、やはりかなり狭い信頼性区間の範囲で、おおむね50％の遺伝率が算出されている。[121] ちなみにこれらには共有環境が関与していないので、１００％に満たない残りの割合は非共有環境によることになる。

精神病理の遺伝率

精神病理の遺伝も大きな関心事である。統合失調症に関する7か国、12の研究のメタ分析（組数不明）では、一卵性の相関が０・９２（95％信頼性区間０・９１〜０・９４）、二卵性の相関が０・５２（０・４８〜０・５６）で、遺伝率は０・８１（０・７３〜０・９０）とかなり高く、また共有環境もわずかながら有意に関与していて０・１１（０・０３〜０・１９）と算出されている。[102] また大うつ病ではアメリカ、イギリス、スウェーデン、オーストラリアの4か国、６つの研究の１万組を超すふたごから算出された遺伝率が０・３７（０・３１〜０・４２）、残りが非共有環境で０・６３（０・５８〜０・６７）となっている。[103] 自閉症スペクトラム障害（ＡＳＤ）では日本を含む6か国、７つの研究の６４１３組の双生児からのメタ分析がなされ、ＡＳＤの判定基準によって若干異なるが、一卵性の一致率が０・９８（０・９６〜０・９９）、二卵性の一致率が０・５３（０・４４〜０・６０）から０・６２（０・５５〜０・６８）で、遺伝率が０・７４（０・７０〜０・８７）から０・９３（０・７７〜０・９９）であった。また共有環境の影響の可能性も０・２５（０・１２〜０・３７）であった。[105]

その他の特性の遺伝率

　そのほかにも反社会性あるいは攻撃性に関する12の研究、3795組によるメタ分析[65]から算出された遺伝率の推定値が0・48、アルコール中毒に関する5か国、12の研究、約9万7千組のメタ分析[116]では遺伝0・49（95％信頼性区間0・43〜0・53）、共有環境0・10（0・03〜0・16）、大麻に関するアメリカ、イギリス、オランダ、オーストラリアの約2万5千組のふたごのメタ分析[117]では、大麻に手を出したことがあるかどうかについての遺伝、共有環境、非共有環境の割合が、男性でそれぞれ0・48、0・25、0・27、女性で0・40、0・39、0・21、大麻依存になったかどうかについての遺伝、共有環境、非共有環境の割合が、男性でそれぞれ0・51、0・20、0・29、女性で0・59、0・15、0・26であった。

　ヨーロッパとアメリカの約5万組のふたごによる幸福感と人生への満足感に関するメタ分析[7]で算出された遺伝の影響は、幸福感で0・36（0・34〜0・38）、人生への満足感で0・32（0・29〜0・35）、残りは非共有環境であった。運動能力について、日本、オランダなど1千組近く（握力は約4500組）のふたごのメタ分析[97]では、遺伝が垂直飛び0・49、握力0・60、バランス0・39、柔軟0・78、残りは非共有環境であった。

　こうして並べてみればわかるように、退屈すると言っていいくらい、どのような心理的・行動的形質の個人差も遺伝の影響が3分の1から半分くらいを説明しているという結果のリストが並ぶことがわかるだろう。

②どんな形質も１００％遺伝的ではない

知見①「あらゆる行動には有意で大きな遺伝的影響がある」で述べられている遺伝の影響の重要さは、それとミラーイメージのように重要なもう１つの発見、すなわちどんな形質も遺伝率が１００％にははるかに及ばないことも同時に示している。たいがいどの心理的形質も、遺伝率は30～70％だから、残る30～70％の割合で何らかの環境の影響が関与しているということになるからである。身長や指紋の数の個人差などは90％あるいはそれ以上の遺伝率を示すことがある。しかしそれですら遺伝率は１００％にはならない。遺伝だけでは個人差のすべてを説明し尽くすことはできないのである。つまり、どんな形質も何らかの環境の影響を受けるということも、行動遺伝学の重要な発見の１つである。

行動が環境の影響を受けることは当たり前だと思っている人が多いだろうから、この発見はあまりにも陳腐でインパクトを持たないと思うだろう。実際、親から読み聞かせなどの知的刺激を受けた子どもほど知能は高くなるとか、親にきちんとしつけられた子どもほど問題行動を起こしにくいなど、環境指標が行動と相関を示した研究は多い。発達心理学しかり、教育心理学しかり、社会心理学しかり、これまでの遺伝に対してナイーブな心理学研究は、このような環境と行動の相関を「環境の影響」として解釈してきた。しかしここには、いわゆる「因果の方向性」の問題が生ずる。つまりもともと遺伝的に知能が高いほど親から知的刺激を受けやすいとか、もともと遺伝的に聞き分けのよい子だから親にうまくしつけられている可能性がある。

そして知見⑧「環境と心理的形質にも遺伝的媒介がある」が示すように、環境と行動との相関にもその行動をする人の遺伝の影響が反映されているという数多くの報告がある。つまり環境と行動との相関をそのまま環境の影響によると解釈することはできないのである。

環境の影響を証明するのも行動遺伝学

このように行動遺伝学から見ると、行動に環境の影響があるということは、遺伝マインドを持たない人たち（研究者を含む）が当たり前と思うほど当たり前なことではないのだ。それでもなお、ここで遺伝率が常に１００％に達することがなく、何らかの環境の影響が関与しているという発見は、そうした行動に及ぼす遺伝要因を統制してもなお環境の影響があるということを示している意味で、重要な発見なのである。このように遺伝要因とは独立の環境要因の影響が明確に存在することを証明することができるのが、きちんと遺伝要因を統制している（「遺伝情報にセンシティブな」という表現をすることもある）行動遺伝学なのである。

かくして行動遺伝学は、行動の個人差には「遺伝も環境も」どちらも無視できない影響力を持つという知見をもたらした。ここで筆者がいつも強調していることを改めて強調しよう。「遺伝も環境も」を当たり前で陳腐なスローガンと侮るなかれ。このことを侮る人が、いつの間にか遺伝か環境か、どちらかがより重要だというスローガンにくみしたがるのだ。人間の頭は思ったほど賢くなくて、いっぺんに2つの要因を同時に考慮することが難しいらしい。そして遺伝と環境の２つの要因を同時に考えることができず、やっぱり遺伝で決まる、いや環境こそ大事なのだというわかりやすいスローガンに落としどころを求めたがるのだ。ここで、常に遺伝と環境の両者に気を配ることができる人は、驚くほど少ない。ここではその驚くほど少ない認識にきちんと踏みとどまることこそが科学的に正当なのだということを訴えているのである。

このことを踏まえたうえで、では行動遺伝学から「環境」はどのように見えるのか。それについては知見⑦から知見⑨で論じられる。

③遺伝子は数多く、一つひとつの効果は小さい

また遺伝の話に戻ろう。行動の個人差に及ぼす遺伝の影響は、確かに１００％ではないとはいえ、無視できないほど大きい。これがふたご研究の明らかにしたことだ。それならば、遺伝子を調べれば、その人がどんな能力や性格を身につけて、どういう行動をするかがわかってしまうのだろうか。最近急速に目につくようになった遺伝子検査ビジネスは、そんな印象を助長している。

だがそもそも人間の行動のような複雑な形質が、１つや２つの遺伝子によって決定されてしまうものと考えられるだろうか。確かに学校で習ったメンデルの法則に見られるような、豆の形が「丸」か「しわ」か、豆の色が「黄」か「緑」かといった単純な形質であれば、親の遺伝子型の組み合わせから子どもの遺伝子型の組み合わせが限られた種類の中の何になるかが確率

的に決まる。こういう形質は一つひとつの遺伝子（正確には1対の対立遺伝子（アレル）の組み合わせ）の効果がはっきり目に見える表現型となって現れるもので、メジャージーン（主遺伝子）と呼ばれる。身近なところでは血液型や目、髪の色、そして色盲や血友病などがそれにあたる。これらはいわば「固有名詞つきの」遺伝子と言ってよい。

　このような単純な遺伝子の支配による形質は、もし実験可能な生物であれば、同じ（あるいは似たような）表現型同士を選んで掛け合わせて子どもを作るという選択交配を繰り返せば、数世代で遺伝的に純粋な、代々同じ形質しか生み出さない「純系」を作り出すことができる。メンデルがエンドウの実験に使ったのもそうして作られた純系だった。そしてかつて、といってもそう遠くない昔、20世紀の初めから中ごろにかけて、日本を含む西欧諸国がいっせいに採用しようとした優生政策の発想もそれだった。健康で優秀な人間同士が子どもを作り、精神疾患を有していたり能力の劣ったりした人間同士は子どもを作らせなければ、世界は早晩、健康で優れた人間ばかりになるだろうというわけである。その行きついた先は、ユダヤ人を劣等民族として大量虐殺に導いたヒトラー率いるナチスの優生政策だった。ではナチスの優生政策が「成功」し、ユダヤ人をすべて抹殺し、あらゆる精神疾患患者や不道徳な人間が子どもを作らないようにさせたら、本当に世界は健康で優れた人々だらけになっていたのだろうか。おそらく「残念ながら」そうはならなかっただろう。なぜなら精神疾患も能力も、「数多くの遺伝子（ポリジーン）」からなるからだ。

複雑な形質を支配するポリジーン

ポリジーンに支配される複雑な形質の場合、「優秀な」個体同士で選択交配を繰り返すと、本当に優秀になるかというと、必ずしもそうではない。ネズミの活動性（単位時間にどのぐらいの距離を走り回るかで計る）について最長の選択交配の実験[29]を見てみよう（図4－1）。これは活動性の高いオス、メスの個体同士、また低い個体同士を交配させ続けた実験である。これだけ続ければ確かに遺伝的に活動性の高いグループと低いグループに分けることができる。しかしこの図を見るとわかるように、その中のばらつき（分散）はもとよりも大きくなる。つまり優生政策をすれば世の中がみんな優秀な個体にそろうのではなく、前よりは相対的には優秀になるかもしれないが、そこに残ったものたちの「優秀さ」の格差はさらに大きいものになってしまう可能性が高い。「優秀さ」とは相対的な判断だから、むしろ格差があることのほうが問題となるのは火を見るよりも明らかである。ネズミには失礼だが、きっと人間の知能や学業成績は、おそらくこれよりもっと複雑だろう。いや身長や体重ですら、エンドウの背の高さ（メンデルが選んだのは「高い」か「低い」かの2種類に分けることのできる純系だった）とは異なり、正規分布するような複雑な形質である。一般に正規分布するような形になるものは、数多くの要因がランダムに関わっていることが知られている。行動遺伝学が扱うような人間の心理的・行動的特性は一般に正規分布するので、基本的には数多くのランダムに伝わる遺伝子（これがポリジーンだ）に加え、数多くのランダムな環境要因からなっていると考えられる。したがってこ

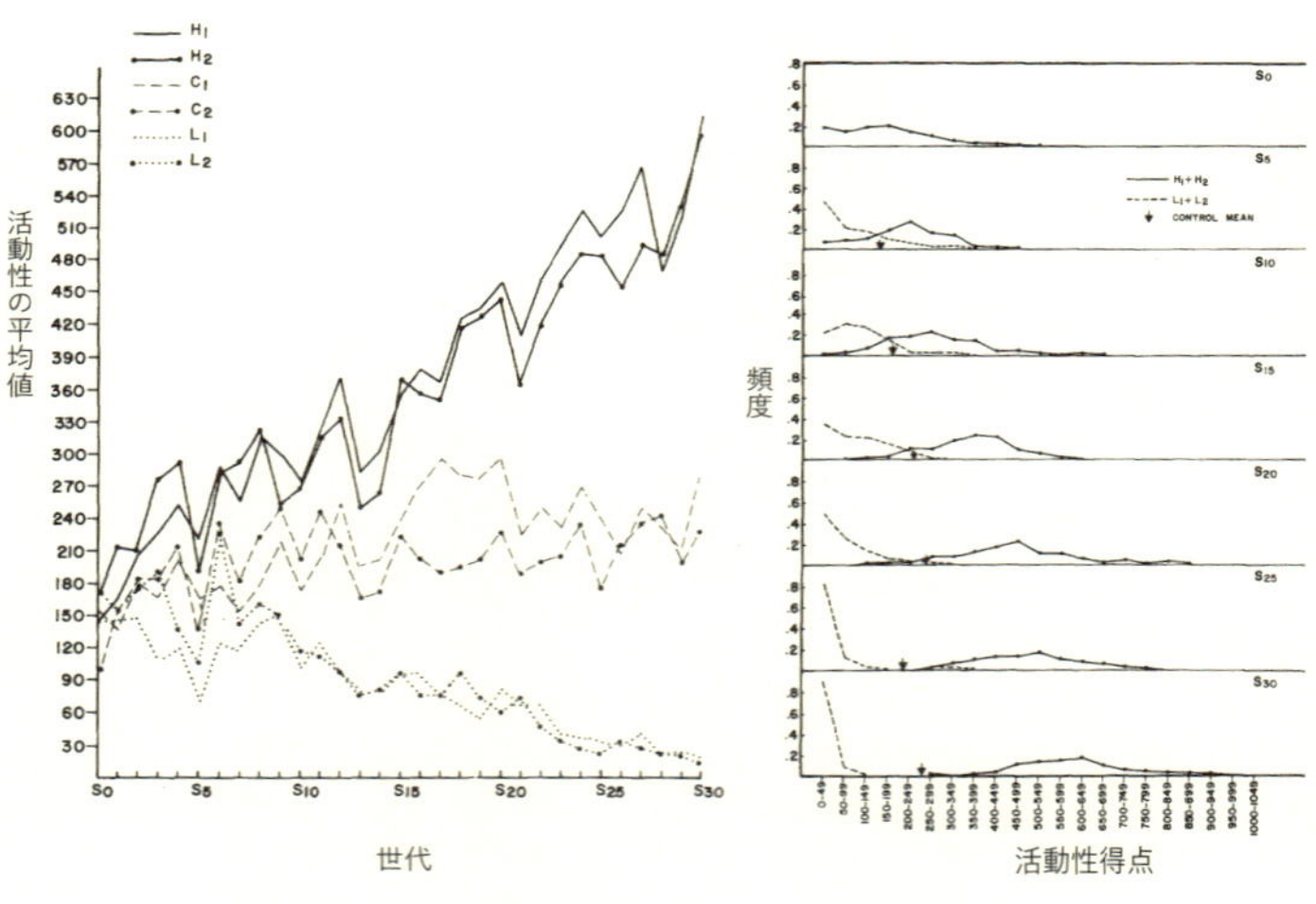

図4-1　ネズミの活動性の選択交配実験[29]

左は活動性の高い個体同士(H1、H2)、中間の個体同士(C1、C2)、低い個体同士(L1、L2)で掛け合わせをした選択交配を30世代続けたときの活動性の平均値の推移、右は高グループ(H1+H2)と低グループ(L1+L2)の活動性のばらつきを示す

のようにはっきりした効果を出すためには、もっと長い世代をかけての優生政策が必要だろう。40世代としても８００年だ。その間に世の中の優秀さの基準もきっと変化しているに違いない。８００年前の中世の時代と現代の差を想像してみれば、優生政策がいかに荒唐無稽かがわかるだろう。ましてや今日では、わずか20年もたたないうちに、人工知能（ＡＩ）が人間の自然知能を量・速度ともに凌駕すると言われているのだから。

ポリジーンという遺伝子の働きは、一つひとつの効果量は小さいが、それらが数多く集まって、それぞれの効果の和や交互作用（一つひとつの遺伝子の効果の和ではなく、複数の遺伝子たちがその組み合わせいかんで異なった効果量を持つような作用）を持つものと仮定している。ポリジーンの作用とは、もともと理論的に必ずしも特定の遺伝子の群を指すのではなく、まだ特定されていない「無名の」関連遺伝子の効果の総体である。ポリジーンの場合でも、一つひとつは同じくメンデルの法則に従っている。しかし「数多く」の遺伝子が総体として効果を示すので、親から子どもへの遺伝的素因がどのようなものになるかは予測しにくい。優生政策は、その人道への冒瀆性も重大な問題ではあるが、そもそも理論的に破綻していたのである。

ＧＣＴＡ、ＱＴＬ、ＧＷＡ、ＳＮＰ

だが「たくさん」と言った場合、どのぐらい「たくさん」なのか。数個？　十数個？　数百個？　それとも数千個なのだろうか？　それを今日、ＧＣＴＡという手法が明らかにしつつある。[128] これは全ゲノム複雑形質分析（genome-wide complex trait analysis）のことで、ＤＮＡを構成する4塩基（G＝グアニン、C＝シトシン、T＝チミン、A＝アデニン）の文字の組み合わせにしているところがおしゃれだ。ここからはふたごの話を超えることになるが、関連する最新の動向なので、簡単に触れておこう。

そもそもある形質に遺伝子が関与していることが家系研究やふたご研究から示唆されれば、次にしたくなるのは、実際の遺伝子を突き止めることとなるのは相場が決まっている。しかしことはそう簡単ではない。何せ相手はタンパク質を作り出す「構造遺伝子」という単位で見ても2万以上、遺伝子の本体であるＤＮＡを作るG、C、T、Aの塩基の単位で見たら30億であり、しかもこれらが細胞一つひとつの核の中にたった数ミクロンの目に見えない大きさで潜んでいるのだ。20世紀半ばにＤＮＡの分子構造を解明し分子生物学という新たな分野を創設したジェームズ・ワトソンとフランシス・クリックの偉業は、生命科学の問題空間を一気にこれほどの「小さな大数」の海に投げ込んだ。分子生物学はまさに「数」との勝負である（ちなみにこの小さな大数は40億年という気の遠くなるような時間の来歴を背負っている。クラクラする）。

こういう世界を相手にして、分子生物学者が遺伝子探しをするときに最初に考えたのは、「場所探し」だった。幸い2万もの遺伝子たち、30億の塩基たちはてんでんばらばらに散らばっているのではなく、23対46本の染色体の上に整然と分かれて順番に並んでくれている。だから何番目の染色体のどのあたりの位置に、めざす遺伝子があるのかを絞り込もうというわけだ。それがＱＴＬ研究であった。ＱＴＬとは量的形質遺伝子座（quantitative trait loci）の略で、米や小麦や牛の乳の収量、そして身長、体重、知能、学力のような量で表すことのできるあらゆる複雑な形質を司ると仮定されたポリジーンたちの、染色体上の居場所を示す概念である。すでにいくつものメジャージーンの居場所はわかっていたから、その形質と一緒に動く（「連鎖」と言う）確率を調べて場所の目星を一つひとつつけていく。それが初期の連鎖分析（linkage analysis）や関連分析（association analysis）であり、こうして目星のついた箇所（「遺伝マーカー」と言う）が染色体上に増えてくると、それがさらに相乗的に突き止められる箇所を増やすという具合に、やがて染色体上のすべての塩基にわたって何万、何十万ものマーカーを手掛かりに遺伝子探しができるようになった。それがＧＷＡまたはＧＷＡＳ（genome-wide association analysis study）、つまり全ゲノム連鎖解析と呼ばれるものである。この数はもちろん遺伝子の単位ではなく塩基の単位で数えたものであり、１つの塩基の型の違い（一塩基多型）、いわゆるＳＮＰ（スニップ）（single nucleotide polymorphism）を一気に万の単位で大量に解析できる遺伝子チップ（「マイクロアレイ」とも言う）が発明されたおかげである。

一つひとつの効果量は１％未満

こうした研究の流れのはじめにおいて、人間の複雑な形質を司るポリジーン、あるいはＱＴＬと言っても、せいぜい数個の責任遺伝子であらかた説明がつくのではないかと考えている人も、遺伝子探しに取り組み出した20世紀末には少なからずいたと思われる。遺伝子探しの楽観論者である。彼らはまずは統合失調症やうつなど、遺伝規定性の高い精神疾患で責任遺伝子を探した。知能の遺伝子探しをめざしたのはプロミンたちだった。

ところが話はそう簡単に問屋がおろさなかった。数個で遺伝率30～50％を説明する効果量の大きな遺伝子など見つからないのだ。かろうじて突き止めた候補遺伝子あるいは候補ＳＮＰも、その一つひとつの効果量は１％にも満たず、すべてを足し合わせても、ふたご研究が示す遺伝率には遠く及ばないのである。それでもまだマーカーが数万だったころは、捕まえたい魚の大きさに対して網の目が粗いからだと考えられた。ところが網の目を50万、５００万と細かくしていっても、依然として大きな魚どころか中程度の魚すらなかなか網にかからないのだ。調査したサンプルによっても結果が異なることがしばしばあった。いわゆる「失われた遺伝率(missing heritability)」の問題である。

ここから、ポリジーンによって支配される複雑な形質を司る遺伝子の数は、まさに膨大な数に上り、一つひとつが小さいという考え方が主流になり、悲観的ムードが漂うようになった。もちろん現在もこうした複雑な形質について、この遺伝子が候補として見つかった、疾患に関わる原因遺伝子が突き止められたという楽観的報道はよく目にする。全ゲノム連鎖解析は依然として遺伝子探しの主流ではある。とくに遺伝的疾患の中にはそのような遺伝様式の疾患もまれにあって、その発見が有効な予防や治療につながるケースもないことはない。しかし、少なくともノーマルな心理・行動的形質の個人差について、少数の遺伝子情報で精度の高い説明や予測ができるという楽観論はもはや成り立たないのである。今日、雨後の竹の子のように現れてきた遺伝子検査ビジネスはまさにそのような状況の中で起こってきている。だからまるっきりあてにならないわけではないとはいえ、それに信を置くのは「あした雨の降る確率は５％です」と言われて０％ではないから傘を持って行こうと判断するのと同程度の不確かさに過ぎない（普通、５％と言われれば、雨は降らないと考えるだろう。アルツハイマー病になる確率が普通の人より５％高いと言われても、それはほとんど普通の人と変わらないと考えてもよさそうなものだ）。

まさにビッグデータの世界

しかしながら、悲観論でとどまることがないのが科学者である。技術的に何十万ものＳＮＰを一人ひとりについて解析する手法が開発されると、資金力と研究者の組織力の大きな、体力のある研究チームは、それを何千人という人々から集め、データを蓄積し始めた。まさにビッグデータの世界だ。そしてそこから出てきたのがＧＣＴＡである。ここでふたご研究で遺伝率を求めた考え方を思い出してほしい。ふたご研究によって遺伝の影響力が求められたのは、一卵性双生児が遺伝子を１００％共有しているのに対して、二卵性双生児が50％共有しているという、その遺伝的類似性の違いが、調べたい表現型の類似性とどのくらい関連しているかを求めることによってであった。ところが、たくさんの人の遺伝子の何十万ものＳＮＰの情報が手に入れば、ふたごではない赤の他人同士でも、その2人の間でどのぐらいの遺伝子の多型を共有しているかを求めることができる。何千人もの人同士の何十万のSNPの共有度と、その何千人もの人同士の知りたい形質の類似性との関連を計算することによって、候補遺伝子なるものを特定しなくとも、遺伝子全体がもたらすその形質への遺伝規定性を算出することができるわけだ。それがGCTAである。

GCTAは塩基レベルの類似性と知りたい形質の類似性の関係性を見る手法である。だから具体的な責任遺伝子を突き止め、その機能を明らかにするための方法論でも、いくつの遺伝子が関与しているかを明らかにする方法論でもない。しかしふたごによる間接的な遺伝の影響力の推定にとどまらず、具体的なSNPのレベルで、その全体がどのくらい複雑な形質を説明するかを推定している。これによって知能[10][25]、言語能力[101]、精神病理（トゥーレット症候群と強迫神経症[26]、自閉症[37][54]、大うつ病[63]、境界性パーソナリティ障害[64]、統合失調症[92]、精神疾患全般[125]）、パーソナリティ（幸福感[89]、クロニンジャーパーソナリティ[118]、外向性・内向性[119]）、そして物質依存など[68][78][120]で、ふたご研究が明らかにした遺伝率のおよそ3分の1から半分までが説明がつくことがわかるようになってきた。それでも説明のつかない半分から3分の2は、一つひとつの遺伝子の効果の和として説明できない、遺伝子間同士の交互作用や遺伝と環境との交互作用の効果であろうと推定される（あるいは何らかの理由により、ふたごによる方法が遺伝率を実は高めに見積もってしまっているという可能性も否定できないが、現時点では何とも言えない）。

この研究の延長として、ある特定の形質に関して、これら無名な数多くの遺伝子に関するGCTAによる既存の情報全体から算出される遺伝的な素質の程度を表す値、すなわちポリジェニックスコア（polygenic score）を考えるようになってきた。とくに精神疾患や発達障害などのリスクに関して、その遺伝リスクの予測指標としてのポリジェニック・リスクスコアを利用しようとしている。これをするには、あらかじめGCTAによってそれぞれのSNPがある形質（リスクの大きさ）に対してどの程度の重みで影響力を及ぼしているかに関するある程度正確な情報が得られていなければならず、この重みは対象としての集団ごとにその情報が得られていなければならない。たとえばアメリカ人とイギリス人と日本人では、SNPの異なるセットが関与していたり、同じSNPも異なる重みづけで影響しているかもしれないからだ。これを統計的に実用に耐えるだけの情報とするには、数万人のデータを必要とすると見積もられている。その点で、残念ながら日本には、まだそれをするだけの十分な情報が蓄積されていない。いま盛んに商業的になされようとしている遺伝子検査ビジネスで得られた遺伝情報も、単に商業的に利用するのではなく、1つに蓄積し、さまざまな表現型のデータと結びつけて解析ができる体制が築かれる必要がある。

④表現型の相関は遺伝要因が媒介している

これまでは単変量遺伝解析によって見出された最も基本的な発見だったが、ここからは多変量遺伝解析、つまり複数の変数の間の遺伝と環境の関係について見出された発見が続く。まずは、複数の表現型の間の相関が遺伝要因の媒介によってもたらされているということの発見である。『話を聞かない男、地図が読めない女』という本[81]が流行ったことがあった。これは男性は言語性知能より空間性知能が、また逆に女性は空間性知能より言語性知能のほうが一般に勝っているという心理学の知見をやや極端に言い表したもので、この2つの能力がある程度別々に働いていることを示唆している。確かに一般的に国語は女子のほうが、また数学は男子のほうが成績がよい（ただしどちらもある程度ちゃんと勉強している人に限るが）ということからも、こうした違いがあることは合点がいくだろう。もちろん実際には男性でも話が上手だったり表現力豊かな文章を書けたりする言語能力の高い人もいれば、逆に女性でも立体的なデザインを描くのが得意な空間能力の優れた人もいる。だからこれは女性なら子どもが産めるが男性は産めないというような（ほぼ）明確な性差というよりは、程度問題の相対的な性差であるに過ぎない。しかしそれでも言語性知能と空間性知能とが、ある程度別々のメカニズムによって司られていることを示唆していることはおわかりいただけよう。脳研究の知見を見ても、言語を司るのは左脳の側頭葉にあるブローカ野や頭頂葉にあるウェルニッケ野と呼ばれる部分であるのに対して、空間的な情報は視覚野の位置する後頭葉によって処理されている。

しかし同時に、この2つの知能がまったく別々のものではないのも事実だ。これらを別々に測る知能検査（たとえば図4－2）をすると、そこで用いられる知識や認知技能は異なると思わ

言語性知能の課題例

次のことばを並びかえて正しい文にしたときの問いに答えなさい。

味　さとうは　ですか　どんな
{からい　あまい　すっぱい　にがい}

次の文の（　　）に当てはまる適切な言葉を選びなさい。

梅（　　）桜は（　　　　）の花です
{　や　美しい　の　秋　春　}

空間性知能の課題例

左のように折った折り紙を開くと１～４のどの模様になりますか。

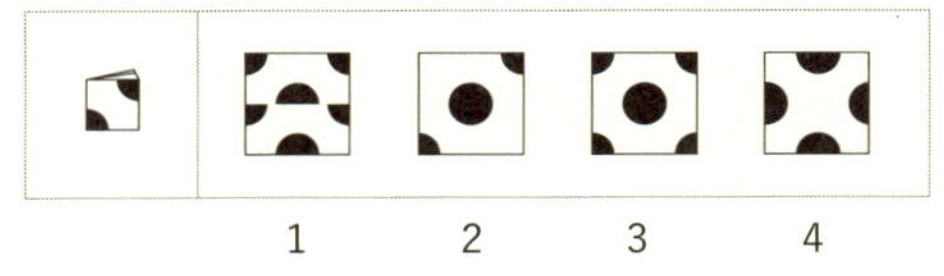

図4-2　言語性知能検査と空間性知能検査の例
京大Nx知能検査の課題に類似したもの

れるのに、その得点の相関は0・6ぐらいある。つまり言語性知能の高い人は空間性知能もまた高い傾向があるわけだ。このことからこの2つの領域にまたがる何か共通した認知的働きがあると仮定されるだろう。そして概して、言語性と空間性に限らず、このような知的な情報処理を求められるさまざまな種類の課題（ほかにも記憶課題や数的処理の課題などがある）をすると、お互いに比較的大きな相関があることが知られている。つまりあらゆる認知的な領域に共通する知能というものが考えられるわけである。このことから一般知能という概念が生まれたのは先に述べた通りだ。

2つの事柄AとBの間に相関がある場合、統計学では一般的に、①AがBの原因である、②BがAの原因である、③AとBの両者をもたらす第3の原因Cがある、のいずれかと考える。ここでも言語性知能が空間性知能の原因であるとか、その逆に空間性知能が言語性知能の原因であるとは考えにくく、おそらく両者に共通する一般的な知能というものがあると考えているのである。

ジェネラリスト・ジーン

ここからが行動遺伝学の問題になる。言語性知能と空間性知能の間、ひいては複数の種類の知能の間を橋渡し（媒介）しているのは、遺伝なのだろうか、それとも環境なのだろうか。仮説としては、言語性知能を司る遺伝子と空間性知能を司る遺伝子は別々だが、いずれの知能を使うのも同じ環境下なので、共通性を持つ可能性が考えられるだろう。環境媒介仮説だ。それに対して、両者はもとにある遺伝子は共通だが、使う環境の素材が言語と空間で異なるという遺伝媒介仮説も考えられる。このような場合、たいがい環境媒介仮説よりも遺伝媒介仮説が支持される。ふたごのデータに照らして見てみると、単変量遺伝解析で、ある1つの形質についてのきょうだい間の相関で一卵性が二卵性を上回ったときに遺伝の影響があることを示したのと同様に、ある2つの形質A、Bについてきょうだいの一方のAとその相手のBの相関（これは前章の2変量遺伝解析で紹介したクロス相関である）で、一卵性が二卵性を上回ったときに、そのAとBの間に遺伝の影響（媒介）があることが示されたことになる。

５千組もの12歳時の双生児の知能、読み能力、数学能力、言葉（国語）の成績の間の多変量遺伝解析研究では、表現型で平均して61％の相関があるうちの半分以上が遺伝相関で説明できることが明らかになった[27]（図４－３）。これはＧＣＴＡを多変量解析にあてはめた研究[107]で一塩基多型のレベルで見ても支持された。私たちの研究でも、三段論法で用いられる論理的推論能力が言語性知能、空間性知能と共通の因子から説明でき、その共通因子の遺伝率は80％にも及ぶことが示されている[98]（図４－４）。認知能力の遺伝要因がこのように領域を超えた一般性を持つことから、プロミンたちは「ジェネラリスト・ジーン（万能遺伝子、一般性遺伝子）」という概念でこの性質を呼んでいる[86]。

一方、パーソナリティの因子構造は、遺伝構造（だけでなく非共有環境構造）を反映する[11]ことが、

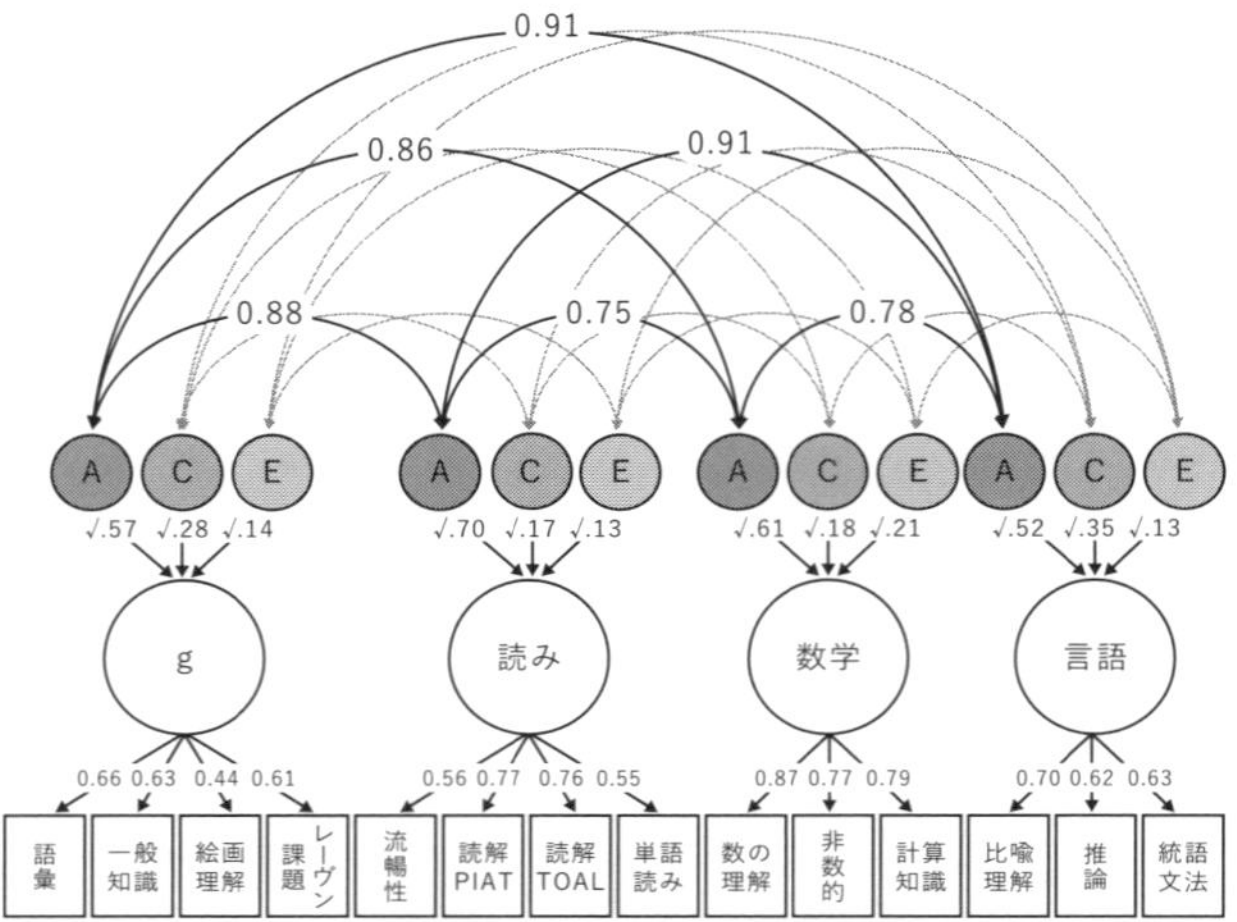

図4-3　さまざまな認知能力の間の遺伝と環境の相関(27)

A：遺伝要因　C：共有環境因子　E：非共有環境因子

PIAT：Peabody Individual Achievement Test　TOAL：Test of Adolescent and Adult Language

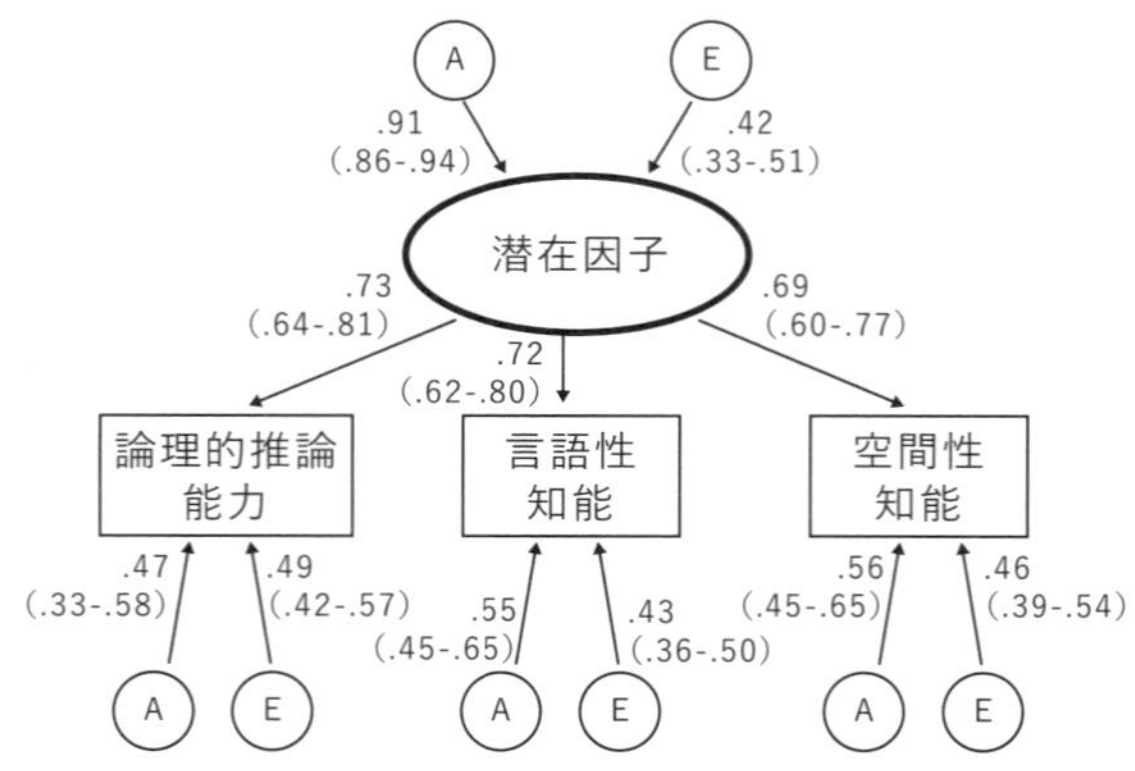

図4-4　論理的推論能力、言語性知能、空間性知識の遺伝・環境因子構造(98)

A：遺伝要因　E：非共有環境因子　カッコ内は95%信頼性区間

数多くの研究で示されている。[18][57][61][62][126]

これは知能やパーソナリティの因子関係に限らない。心理学研究の多くは、複数の表現型間の相関関係の発見にその労力が向けられている。子どものときのがまん強さのような非認知的要因と将来の学業成績や社会的達成には関連があることが、最近の教育経済学で着目されている。[70]子どものときにがまん強さを訓練すれば、それが大人になったときの社会的成功に結びつくらしい。確かにその効果は有意であるが、全体的なこの相関の多くは遺伝的な原因による。つまり遺伝的にがまん強いことが、学業成績[91]や仕事への関与[49]の個人差の遺伝的な要因と関連しているのである。うつと不安、[69]統合失調症と双極性障害、[60]喫煙、飲酒と薬物乱用などの間に見られる「併存」と呼ばれる相関関係でも、表現型相関が遺伝相関によって媒介されることが示され、その結果はＧＣＴＡ[23]やＧＷＡＳ[24]でも支持されている。このことから、精神病理学における症状の分類と診断のカテゴリーの妥当性が再検討される必要性が指摘されている。その一方で環境要因、とくに非共有環境要因は、それぞれの独自性を説明するという遺伝環境構造が一般的なのである。

⑤知能の遺伝率は発達を通じて増加する

これは多変量解析を時系列に並べた発達研究に適用したときに見出された発見であり、とくに知能に特有な現象として見出されている。

人間はこの世に生まれ出た瞬間から「経験」の連続である。おぎゃあと泣けばすぐにお母さんが飛んできてくれることもあれば、しばらく不安の中で放って置かれることもある。親に嘘をついたらすぐばれてしまうこともあれば、だまし通せられることもある。いい担任の先生に恵まれることもあれば、とんでもない先生に教わらねばならなくなることもある。これぞわが道と思えることに出会えることもあれば、いろいろ手を出しているのに一向に手応えがなく失意や絶望にさいなまれ続けることもある。生まれ落ちた瞬間こそ遺伝子の産物である生物学的存在かもしれないが、その後、乳児期、幼児期、児童期を経て青年期、成人期と大きくなるにつれて、さまざまな環境にさらされ、無数の経験をし、数えきれない知識と能力を獲得していく。こう考えたとき、心理的・行動的形質の形成に関わる遺伝要因の影響と環境要因のいずれが発達とともに大きくなるかと問われれば、当然「環境」と答えたくなるだろう。いまでも標準的な発達心理学のモデルは、このような発達観を1つの典型として描いている[6]。

ところが知能の発達に関する過去30年を超える研究の蓄積から見る限り、そうではなく、むしろ現実はその逆だというのがこの発見である。つまり知能については、発達全体を通じて遺伝率が上昇する傾向にあることが、文化を超え、またふたご研究だけでなく養子研究からも支持されているのである。知見①でも触れた1万組を超すふたごによる研究から、表4－1に示したように、遺伝率は児童期41％、青年期55％、成人期初期66％であった[39]（図4－5）。成人期後期には80％にも上るという報告すらある[79]。さらに包括的なメタ分析では、図4－6に示すよ

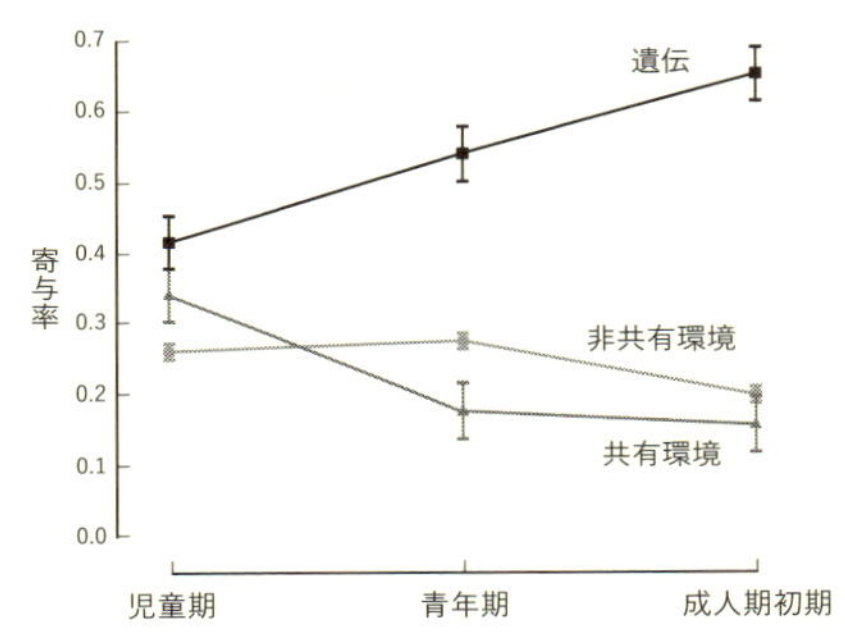

図4-5　知能に及ぼす遺伝と環境の寄与率の発達的変化(39)

うな遺伝、共有環境、非共有環境それぞれの寄与率の発達的変化を明らかにした(109)。このように遺伝率は青年期のはじめまで急激に上がり、その後は安定している一方、共有環境は子ども期にはある程度あるがその後減少、非共有環境は生涯を通じて安定して少ない。また表現型ならびに遺伝、環境の諸要素が、各年齢でどの程度安定しているのかを示した図（図４－７）からは、青年期のはじめまで、いずれの要因も不安定であるが、その後安定し、とくに非共有環境は生涯を通じて安定していることが読み取れる。

なお、最近の高齢双生児の研究(67)では、70歳を超すと遺伝的影響はやや減少するようである（図４－８）。とくに人間は生まれてから青年期が終わるまでの学習の期間、学習すればするほど、環境によって遺伝的素質が薄められるのではなく、むしろ環境を介して自らの遺伝的素質を形にしていくようである（ちなみにこの図では、ほかにうつ傾向と握力についても示されており、うつ傾向では遺伝の

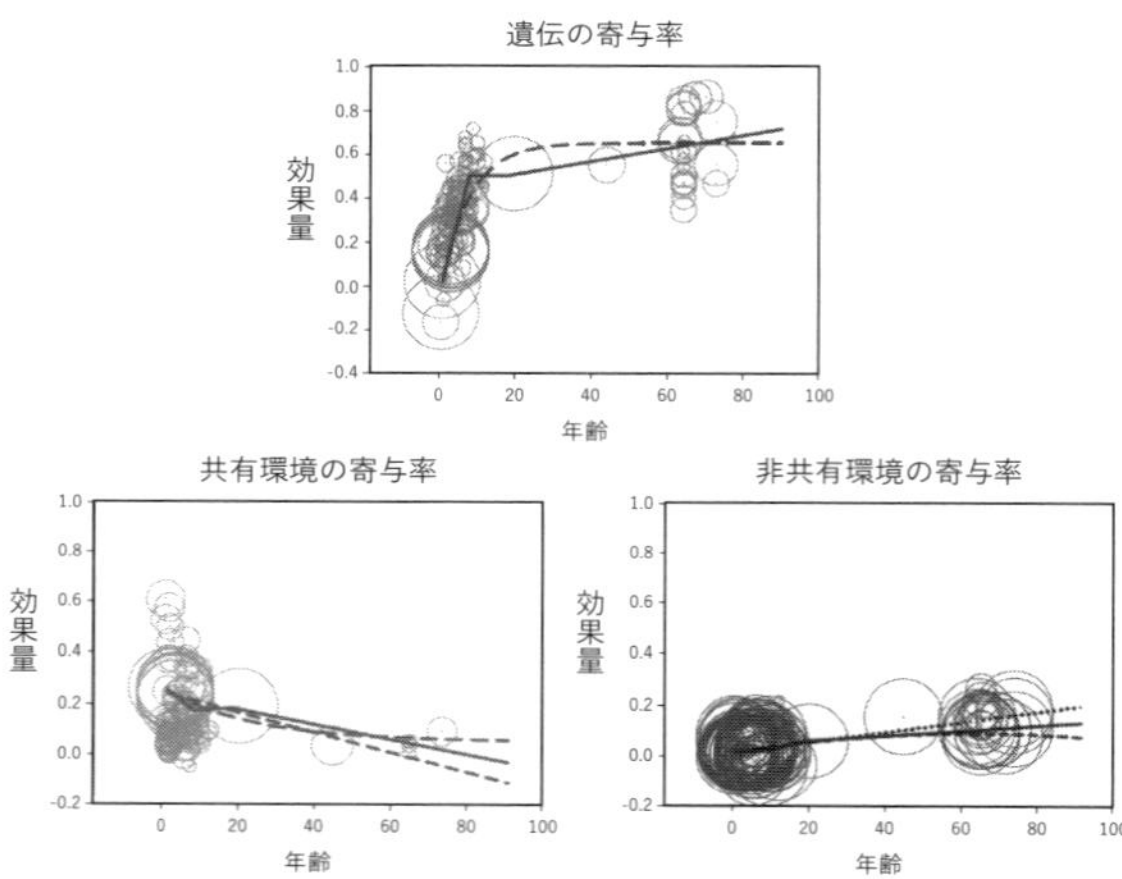

図4-6　知能に及ぼす遺伝、共有環境、非共有環境の寄与率の全生涯の発達的変化[109]
それぞれの丸の位置は個別の研究で算出された寄与率、丸の大きさはその重みづけの大きさを表し、変化全体の傾向を代表して表現するさまざまな関数型による近似線が引かれている（図4-7、4-9、4-10も同様）

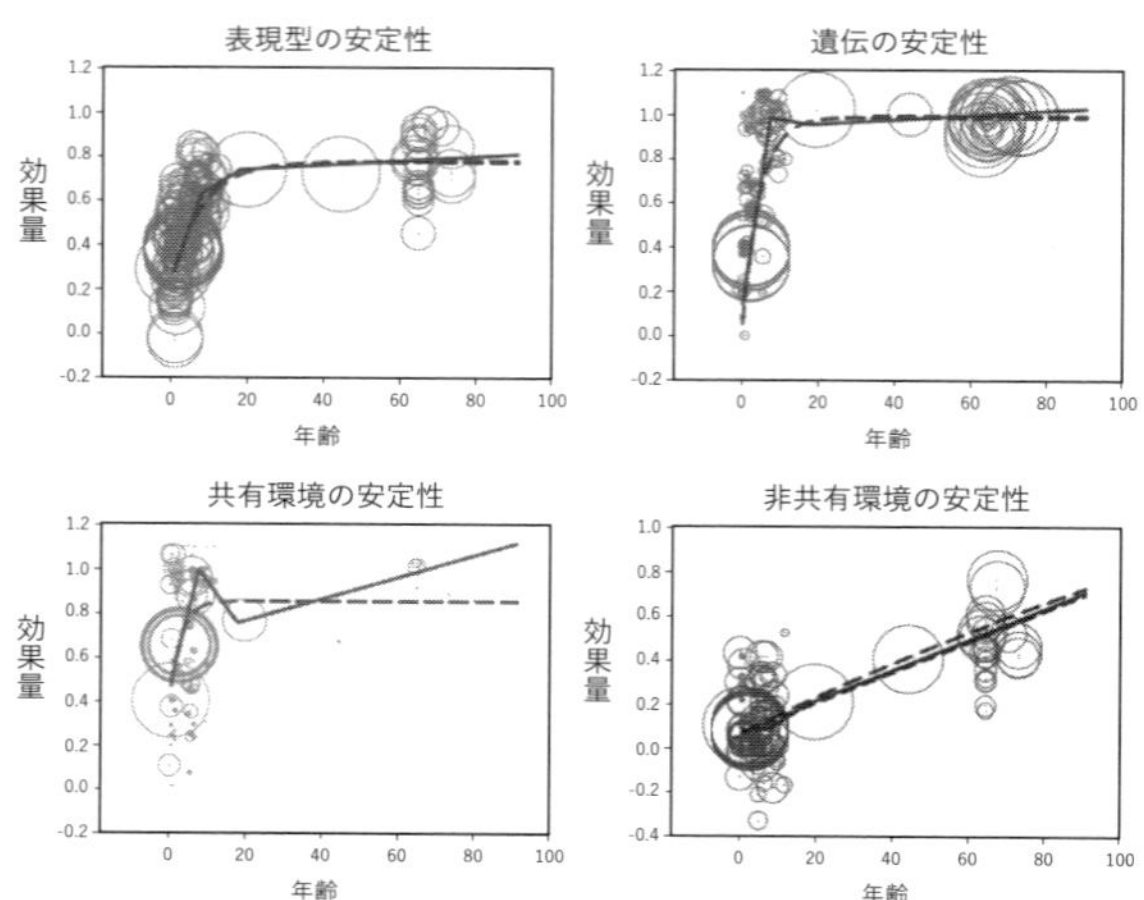

図4-7　知能の表現型、遺伝、共有環境、非共有環境の安定性の程度の発達的変化[109]

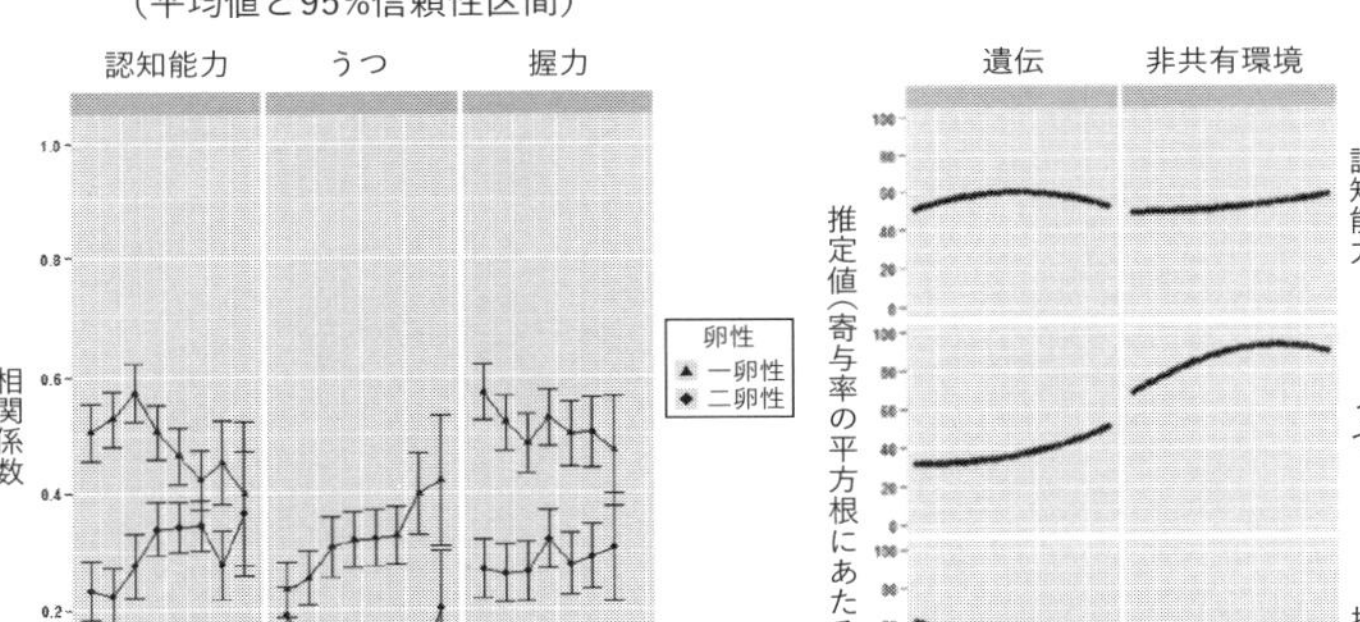

図4-8　老年期の認知能力（知能）、うつ、握力の一卵性、二卵性の相関係数と、遺伝と非共有環境の寄与の推移[67]

寄与は上昇し続けるが、握力は劇的に下がるのが興味深い）。

　このような遺伝率の発達的上昇傾向は、青年期から成人期にかけての問題行動（外在化問題や内在化問題）には見られるものの、パーソナリティでは見出されておらず、むしろ遺伝の影響は児童期から青年期にかけて減少し、非共有環境がやや上昇気味となる[15]（図4－9）。知能と同じく、表現型、遺伝、非共有環境の安定性を示した図4－10を見ると、いずれも児童期から青年期にかけて安定度が増し、その後固定する。

⑥年齢間の安定性は主に遺伝による

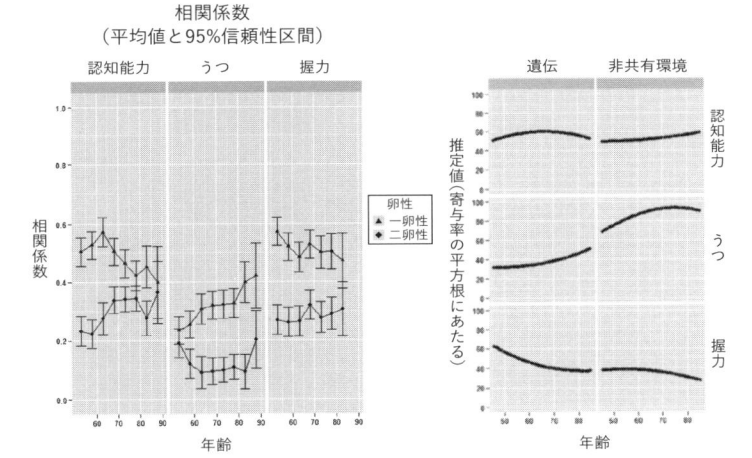

知見⑤の知能における遺伝率上昇の原因は何か。ふたごの縦断研究は、それが同じ1つの遺伝要因の影響力が徐々に大きくな

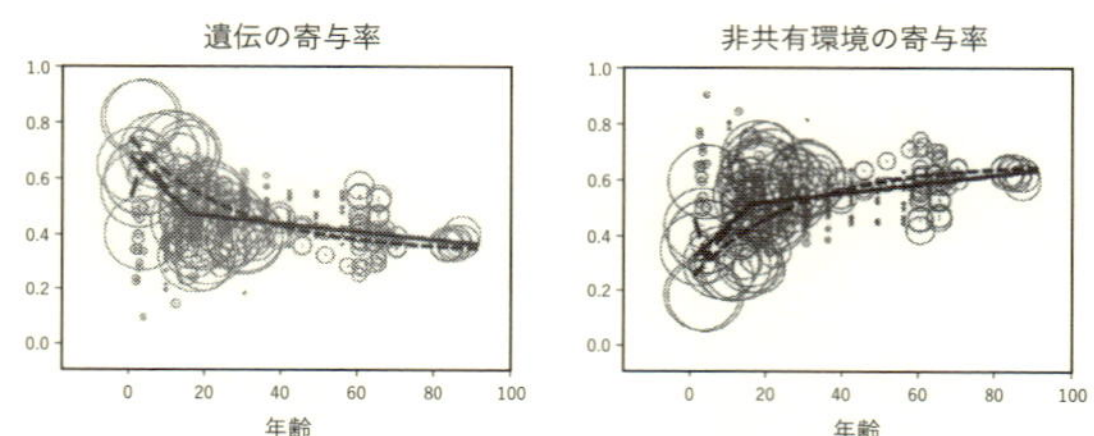

図4-9　パーソナリティに及ぼす遺伝、非共有環境の寄与率の全生涯の発達的変化(15)

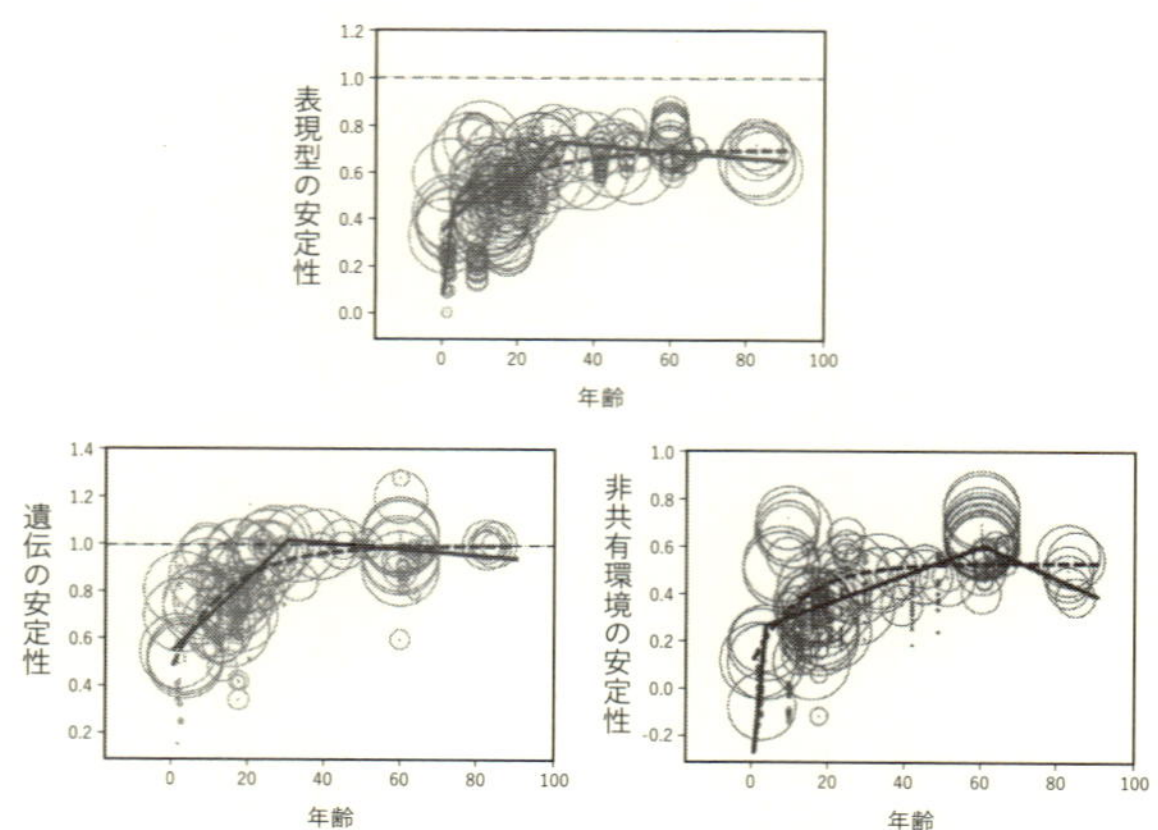

図4-10　パーソナリティの表現型、遺伝、非共有環境の安定性の程度の発達的変化(15)

る「遺伝的増幅（genetic amplification）」からなのか（図４－11ａ）、それとも発達とともに後から新しい遺伝要因を加味していく「遺伝的革新（genetic innovation）」からなのか（図４－11ｂ）を明らかにすることができる。もちろんこれらはどちらか一方だけで説明できるものではないかもしれない。遺伝的増幅と遺伝的革新の両方が関与している可能性もあるだろう。その様子を幼児期から青年期までの間のデータをメタ分析した研究によれば、児童期の間は革新が増幅を上回るが、児童期が終わるとそれらは逆転し、発現した遺伝的影響が増幅される傾向が高まるようである。[14] これが先に述べたような遺伝的影響の年齢に伴う安定性につながっているわけだ。共有環境の影響も、全体として小さいながらもこの間、はじめにある程度あった革新性は減少し、増幅性が増していく（図４－12）。

このメタ分析では、知能における遺伝率の上昇は、青年期までは遺伝的革新、そして成人に達してからは遺伝的増幅によるものであることが示唆された。また、遺伝と環境の能動的相関、つまりある遺伝的素質に合った環境を個人が選択することで、遺伝的能力が増大していく可能性もある。[96]

とくに遺伝的安定性は、図が示すように青年期に達してからは顕著である。しかしそれは環境によって変わらないことを意味するわけではない。環境要因、とくに非共有環境は概してその時々で異なり、それが遺伝で説明されない環境による変化の説明要因となっている。筆者たちの研究でも、自尊感情の成人期の発達について同様の結果を得ている。[50]

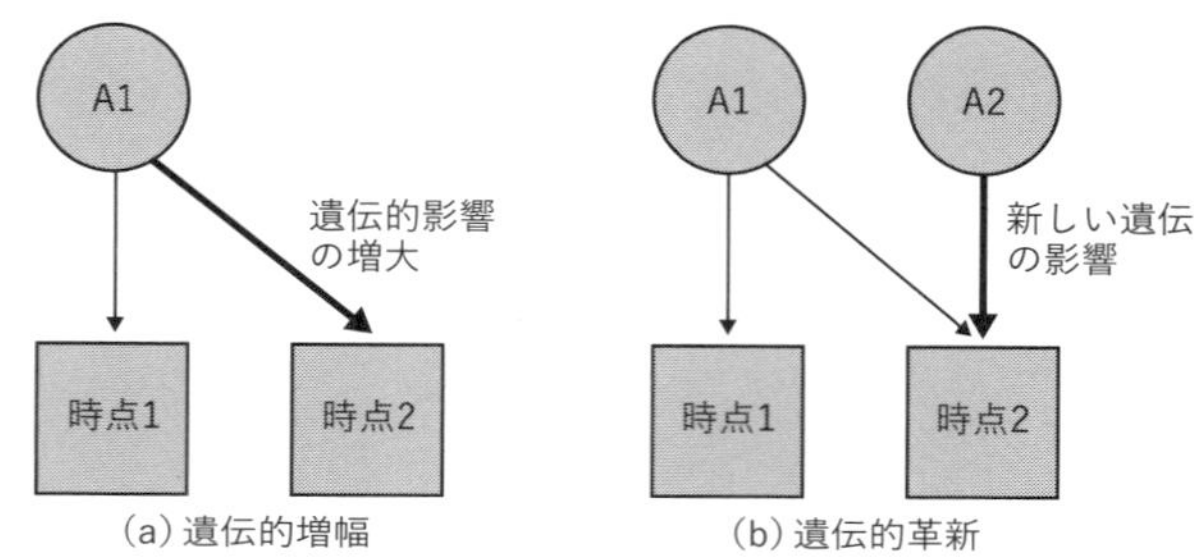

図 4-11　遺伝的増幅と遺伝的革新

遺伝的増幅では時点1よりも時点2のほうが遺伝の影響が大きくなり、遺伝的革新では時点2で時点1にはなかった新しい遺伝の影響(A2) が現れる

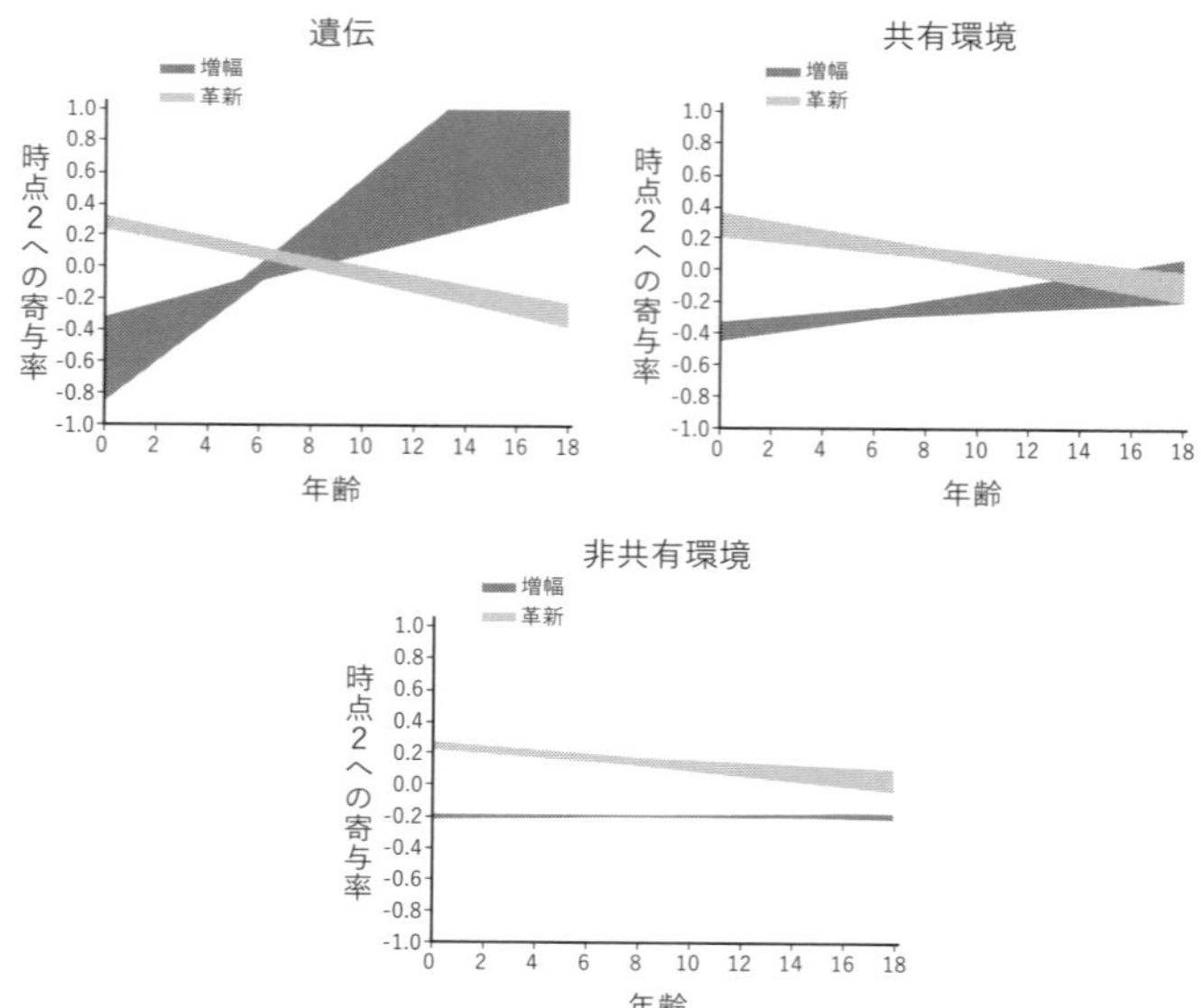

図4-12　知能の発達に及ぼす遺伝、共有環境、非共有環境の諸要素が示す遺伝的増幅と遺伝的革新の大きさの変化(14)

ちなみに遺伝の影響が発達とともに増幅されていくという傾向は、認知能力に特有である。最も一般的な遺伝と環境の発達的パターンは、表現型の安定性は遺伝が関与し、変化はその時々の非共有環境が関与するというものである。たとえば境界性パーソナリティ障害[11]について14歳時から24歳時までの4時点、10年間で得られたアメリカの６００組近くの双生児のデータを潜在成長曲線モデルという手法で分析すると、変化と安定性の両方に遺伝要因が関与していることが示されたが、それと同じアメリカの双生児縦断データによる青年期後期から成人期にかけての反社会性パーソナリティ障害の縦断研究[16]では、安定性にはもっぱら遺伝、変化は非共有環境が関わっていた。注意問題について1万人を超すオランダの双生児の3歳から12歳までの4時点の縦断研究[90]では3歳から7歳までの遺伝要因はやや不安定であるものの、その後は安定していることが示された。それと同じ縦断データからひきこもりについて検討した研究[41]でも、その間の安定性を男子74％、女子65％が遺伝要因で説明できることが示されたが、一般的内在化・外在化問題[8]では年齢間の安定性には遺伝要因だけではなく共有環境も関わっている様子がうかがわれた。不安とうつ（これらは同じ遺伝要因に由来することがわかっている）に関するスウェーデンの２５００組の双生児を児童期中期（8～9歳）から成人期初期（19～20歳）まで追跡した研究[52]では、児童期中期に発現していた遺伝要因は成人期まで必ずしも安定的な効果を示していないが、その後、青年期初期、中期、成人期初期と新しい遺伝要因が発現し（遺伝的革新）、その後に持続的な影響力を持つことが示された。

遺伝の影響は、生まれてから成人までの間に徐々に発現し、その後おおむね安定するという傾向は、一般に心身の特徴全般にあてはまるようである。これはとりもなおさず、必ずしも「三つ子の魂百まで」と決めつけられないことを意味する。確かに百（は言い過ぎだが老年期に入るくらい）まで続く三つ子の特徴もあるが、その後新たに発現する遺伝要因の影響がかなり大きいと言えるようである。

⑦環境にも有意な遺伝要因が関わっている

環境もまた「延長された表現型」である。親に叱られるという養育環境は、親が子どもに働きかける刺激という意味では「環境」だが、そもそも子どものほうに親を怒らせる行動が出やすいことによるとすれば、それは子どもの持つ遺伝的資質の現れということになる。ふたごによる行動遺伝学のデータは、親の養育態度、社会からの支援、ライフイベントなどで、こうした現象があることを明らかにしている。環境の中に遺伝子がないのは当たり前だから、「環境もまた遺伝だ」というのはいささか受け入れがたい表現かもしれない。しかしそれは比喩ではなく、実際ふたごのデータがこれを示している。

環境要因の中でも最もたくさんの報告がある親の養育行動については、23の研究、約1万5千組のふたごのメタ分析がなされた。(5) その結果は、ポジティブな子育て、ネガティブな子育てを合わせて、遺伝23％、共有環境43％、非共有環境34％であった。こうした研究では、往々にして環境の評定をふたご自身に行わせることが多いので、それは実際の遺伝的影響が環境にもあるのではなく、仮に同じ環境であったとしても、その人の資質などによる内側からの原因でそう見えてしまうだけだという可能性は否定できない。しかしこのメタ分析で扱われたデータは子どもの主観的評定だけではなく、他者による観察の客観的評定でも見出されている。親の養育行動であるから、それが共有環境としてある程度大きく機能していることは当然であろう。しかし遺伝要因が全体の４分の１、非共有環境が全体の３分の１を説明するというのは興味深い。

「環境」にまで遺伝要因が関わっていることは、ふたごのデータだけでなく、ＧＣＴＡによる分析でも示されている。たとえば２５００人あまりを対象にした研究では、ストレスフル・ライフイベントの29％がＳＮＰで説明できるという[87]。とくに家庭環境に及ぼす遺伝要因の影響は、ふたご研究ではそれ自体がふたごによって共有されており、共有環境と区別できないので検出できないが、家庭環境を共有しないと赤の他人同士の遺伝的共有度から遺伝率を算出するＧＣＴＡならば検出可能であるという利点を持つ。この研究では病気になったり近しい人が亡くなったり強盗に遭うなど、本人自身の行動とは独立に生ずると考えられるイベントと、離婚や解雇、お金の問題など本人の行動に依存するものと考えられるイベントを区別したが、ＳＮＰによる説明率は本人と独立のイベントでも26％で、本人に依存するイベントの30％と差はなかったという。

⑧環境と心理的形質にも遺伝的媒介がある

行動には遺伝の影響がある（知見①）、環境にも遺伝の影響がある（知見⑦）、つまりその人を取り囲む環境もその人の遺伝子の発現した延長された表現型である。そして複数の行動間の相関には遺伝が関与している（知見④）。これらのことから、行動と環境の間の相関も遺伝が関与しているということが予想できるだろう。その通りである。親のネガティブな養育態度は子どもの反社会性や問題行動と関連するが、これを2変量遺伝解析で見てみると環境よりも遺伝がこの相関を媒介していることがわかる。つまり親がネガティブな育て方をするから子どもに反社会的な行動や問題行動が起こりやすくなるというよりも、子どもが反社会的行動や問題行動を引き起こしやすい遺伝的性向を持つから親がついネガティブな子育てになってしまうことが示唆されるのである[35][83]。

しかし環境と行動の関連の因果の方向性は、この方法では明確ではない。そのために「交差時間差デザイン」あるいは「ふたごの子どもデザイン」という手法が必要である。

交差時間差デザインとは、文字通り因果関係を調べたい2つの変数AとBを2つの時点1と2で測定し、AとBを時間差で交差させて因果関係を見る、つまりA1がB2に影響していればAがBの原因、逆にB1がA2に影響していればBがAの原因であることを示す方法である。たとえば親子関係の葛藤の強さと子どもの問題行動との関係は、これだけだと親子関係が悪いから子どもが問題行動を起こすのか、子どもが問題行動を起こすから親子関係が悪くなるのか区別がつかない。これを11歳と14歳の2時点での交差時間差デザインで検討し、そこにふたごの手法を入れると図４－13のようになった。[17] 結論は双方が双方の原因となっており（図中の斜めのパスがそれぞれに有意であることがそれを示す）、単に親が子どもと葛藤を起こすから子どもに問題が生ずるという環境の影響だけでなく、子ども自身に遺伝的に問題行動を起こす傾向があるから親が葛藤を生ずるという因果関係も含まれていることが示されたわけである。

ふたごの子どもデザイン（子ども自身がふたごという意味ではない）（children of twin (COT) design）は、ふたごのもとにそれぞれ生まれた子ども（子ども自身がふたごという意味ではない）を含めたデータから、図４－14が示すような複雑なモデルをもとに子どもの行動の個人差の中に、親から伝達された環境要因Ｆと純粋に子ども独自の環境C'とE'の要因を区別させる手法である。[66]

家庭のＳＥＳ（社会経済的地位）と知能や学業成績との関係も、その表現型レベルの相関は社会学などで数多く報告されている。一般にこの関係は環境によるもの、つまり家庭のＳＥＳが高いその環境が子どもの知能の育成に影響を及ぼすと考えられている。しかしふたごの研究ではこれを確かめることは難しいが、ＧＣＴＡによってこのことは確認できるようになった。たとえば教育歴に関わる全ゲノムのポリジェニックスコアが学業成績の３％、ＳＥＳの２・５％を説明する、[56] あるいはＳＥＳと知能との相関もＳＮＰレベルで相関していることが示されている。[108]

前項で紹介したストレスフル・ライフイベントに関わるＳＮＰを明らかにした研究[87]では、そうしたイベントが、関連する外向性や神経質さ、精神病質といったパーソナリティのＳＮＰを

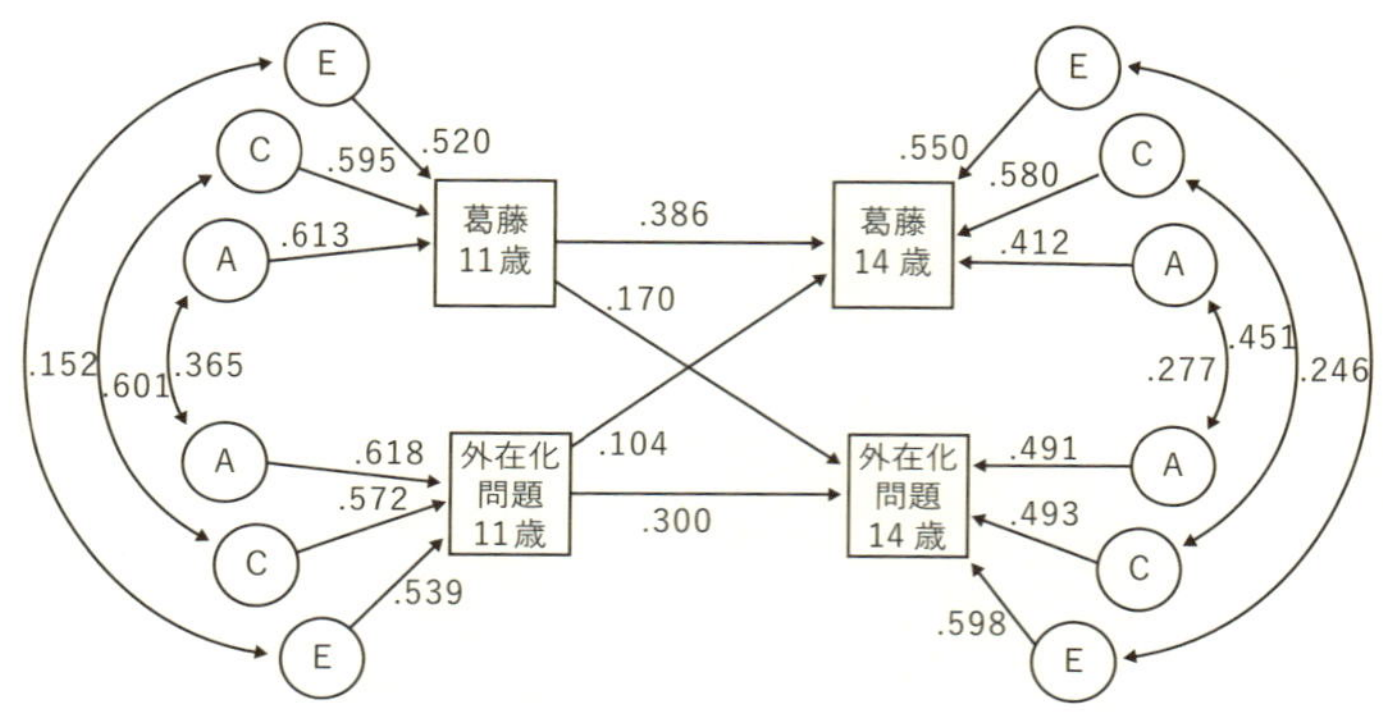

図4-13　ふたごの11歳時と14歳時の親子関係の葛藤と子どもの問題行動（外在化）の因果関係を交差時間差デザインで示したもの[17]

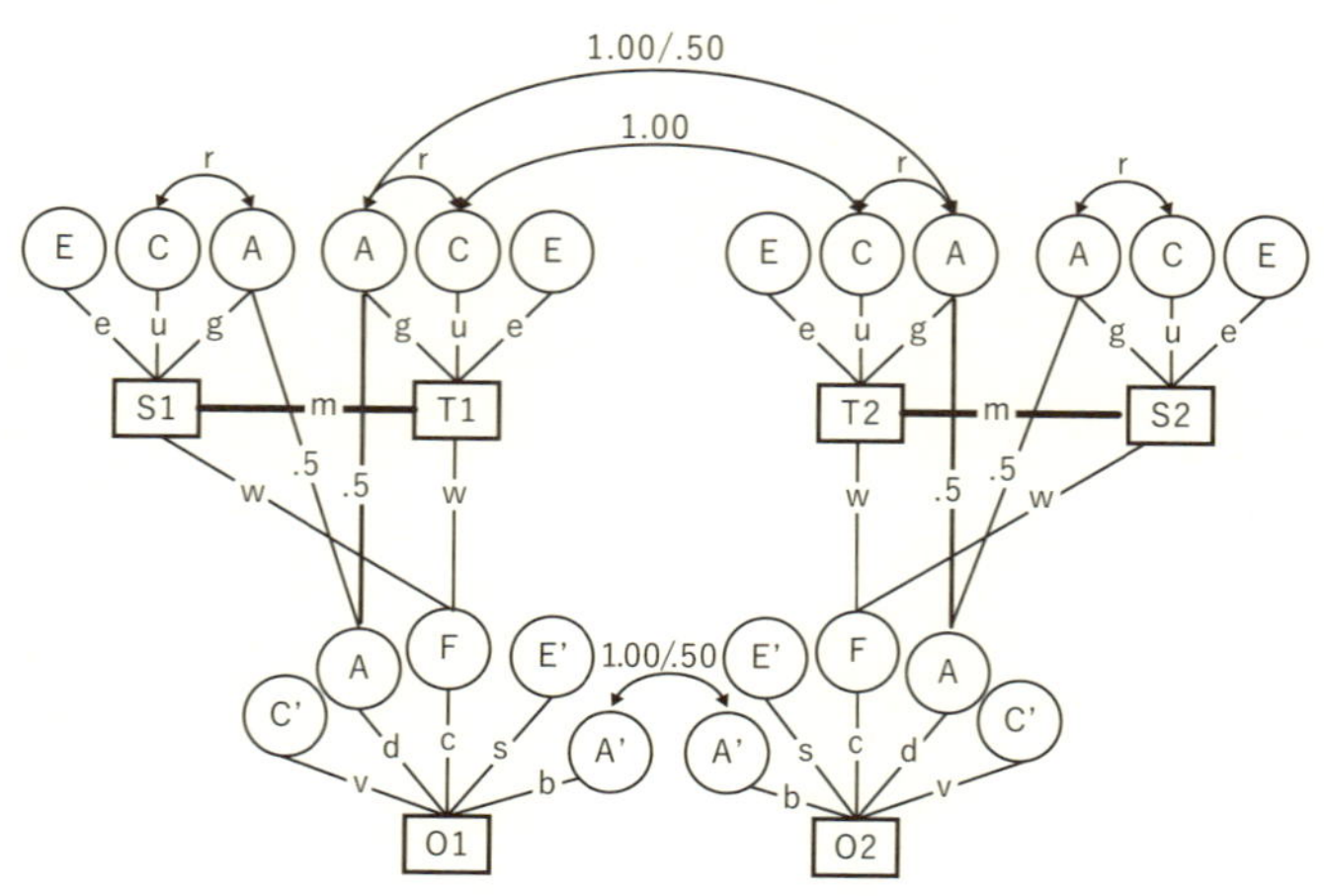

図4-14　ふたごの子ども（COT）モデル

T：ふたご　S：配偶者　O：子ども

共有することが示されている。要するに経験を引き寄せる遺伝的傾向というものがあることが示唆されるわけである。

さすがに「雨女」の遺伝子があると考えるのは荒唐無稽なような気がするが、しかし何かのイベントに雨になりそうでも参加するか、雨になるくらいなら取り止めるかの性格傾向に遺伝要因が関与し、結果として「雨女」と呼ばれる遺伝的傾向が見出せるという意味での「雨女遺伝子」（もちろんたくさんのＳＮＰの集まりとして）の可能性は、決して荒唐無稽ではない。

⑨環境要因のほとんどは家族で共有されない

家族は経験を共有するから互いに似通うと、誰でも思いがちだ。しかし家庭環境は家族を類似させない。それが行動遺伝学のもたらした重要な発見だった。これまで紹介したさまざまな心理的形質の遺伝と環境の分析を見てみても、その多くが遺伝要因と非共有環境しかなく、共有環境の影響がまったくないものが多い。これは形質をそのように恣意的に選んだからではなく、そういう傾向が全体としてあるからである。

知見②「どんな形質も１００％遺伝的ではない」は、とりもなおさずどんな形質にも環境の影響があるということを意味していることは先に述べた通りだ。行動遺伝学では環境を、その中身や機能からではなく、家族が共有し、家族のメンバーに類似性をもたらす共有環境と、家族でも共有せず一人ひとりを独自にさせる非共有環境に分けて考える。その定義はあくまでも家族を類似させるか、させないかであって、物理的条件や社会的経験そのものを実際に共有しているか、していないかではないことに注意してほしい。たとえ同じ神経質な親に育てられた一卵性のふたごであっても、一方はその神経質さがもたらした細部まで気を使う態度にたまたま価値を見出してそれをまねるようになり、もう一方はそういう細かなことにばかり気を使う親ときょうだいに嫌気がさして、もっとラフに生きようとしたら、同じ親の神経質な行動を観察するという共有された経験が、ふたごの子どもにとっては非共有環境として機能することになる。

そのような意味での共有環境が多くの心理的形質で見出されず、大部分の環境要因が非共有環境として一人ひとりに固有に効いてくるということから、逆に共有環境が見出されることのほうが例外として注目される。たとえば反社会的行動には15％ほどの共有環境がメタ分析で確認されている[88]。また繰り返しになるが、知能や学業成績にも有意に共有環境が関与している。

しかしながら共有環境にしても非共有環境にしても、それが具体的にはどのような経験なのかを明らかにすることは必ずしも簡単ではない。個々の環境要因の効果は、個々の遺伝子と同じく、小さいものがたくさん集まっているからである[112]。

とはいえ、一卵性双生児差異法という方法を使って、純粋な非共有環境の行動への影響を探り出すことが可能になる場合がある。一卵性双生児は遺伝要因も共有環境も同じであることが前提になっているので、その2人の間に差があるとすれば、それは純粋に非共有環境と見なせ

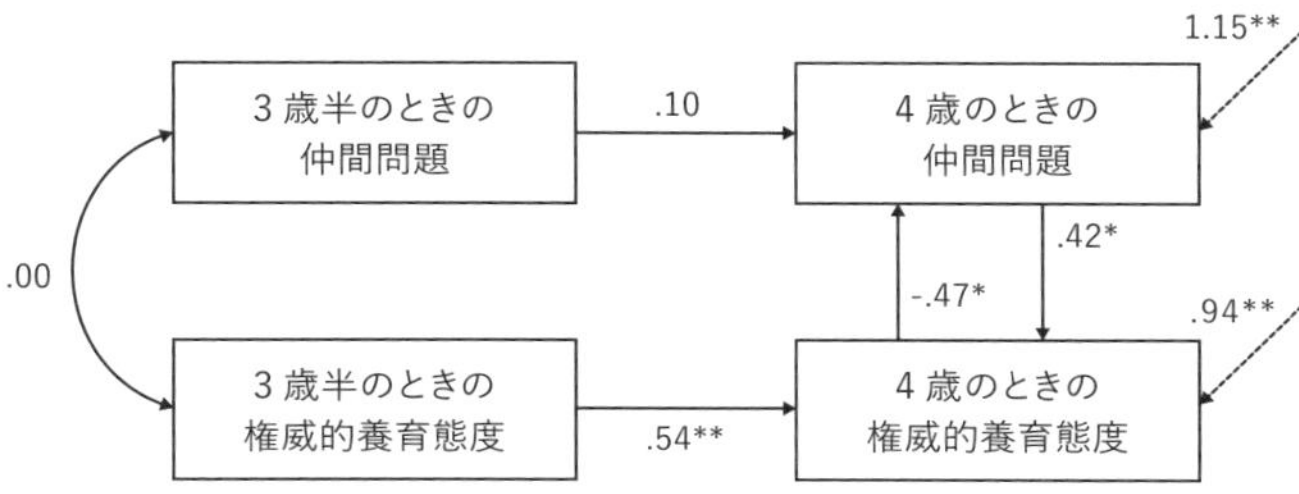

図4-15　一卵性双生児差異法によって示された幼児期の親の養育態度と子どもの問題行動との因果関係[127]

るからだ。たとえば中国の５８５組の同家庭で育った一卵性双生児による研究で、エフォートフル・コントロール（自己制御力）の一卵性きょうだいの差異に関わる環境として、母親がより温かく養育的であることが示された[38]。さらに７歳のときに読み能力をアップさせておくとその後のＩＱに影響があることを、やはり一卵性の差異法を使って調べたところ、その影響は確かにあることが示されている。成人期の精神病質について一卵性双生児のきょうだい間の差に有意に相関する指標を探した研究[9]では、環境要因の中に差異は見つけられず、唯一、自己統制感の差異だけが関連していた。また私たちのチームの２５９組の一卵性双生児の親への質問紙による研究[127]では、３歳半のときに、親が体罰や気分ではなく、一貫した姿勢で理路整然ときちんとしつける権威的養育態度（権威「主義」的ではないことに注意）をより強く示したほうの子どもが、半年後の４歳のときの問題行動、とくに子どもが友だちから仲間外れやいじめなどの仲間問題を、より受けにくくなっていることを示した（図４－15）。

一卵性双生児差異法は、遺伝要因も共有環境要因も同一の一卵性双生児における差に着目しているので、家庭環境と行動の因果関係を探ろうとする普通の研究では交絡して一緒くたになりがちな遺伝要因や共有環境の効果が完全に統制されて、純粋な非共有環境による差のもたらす効果を明らかにするという意味で、教育的・医療的な意義が大きい。しかもそればかりでなく、次章で紹介するエピジェネティクス（遺伝情報の後天的な発現メカニズム）研究につながる方法論としても極めて重要である。

⑩異常は正常である

これまたレトリカルな表現だ。普通、正常（ノーマル）でないのが異常（アブノーマル）、異常でなければ正常、異常には正常とは相いれない質の違いがあり、両者には超えられない一線があると考える。これを遺伝学的に考えれば、異常な行動を示す人は正常な行動を示す人とは生まれつき異なる何か特別な遺伝子を持つと考えることである。日本では少ないが、フェニールケトン尿症や脆弱X症候群のような異常は、たった1つの遺伝子の変異、あるいはある遺伝子の特定の部位の特殊な塩基構造がそれだけで劇的な知的な遅滞をもたらす。それに対して、ポリジーンによる変異の分布の極端な値として異常をとらえる考え方もあり得る。この場合は、それに関わる遺伝子群の一つひとつはノーマルな分布を作るものであり、機能不全を起こすような主遺伝子としての効果を持つわけではないが、それらがたまたま低い効果量あるいは高い

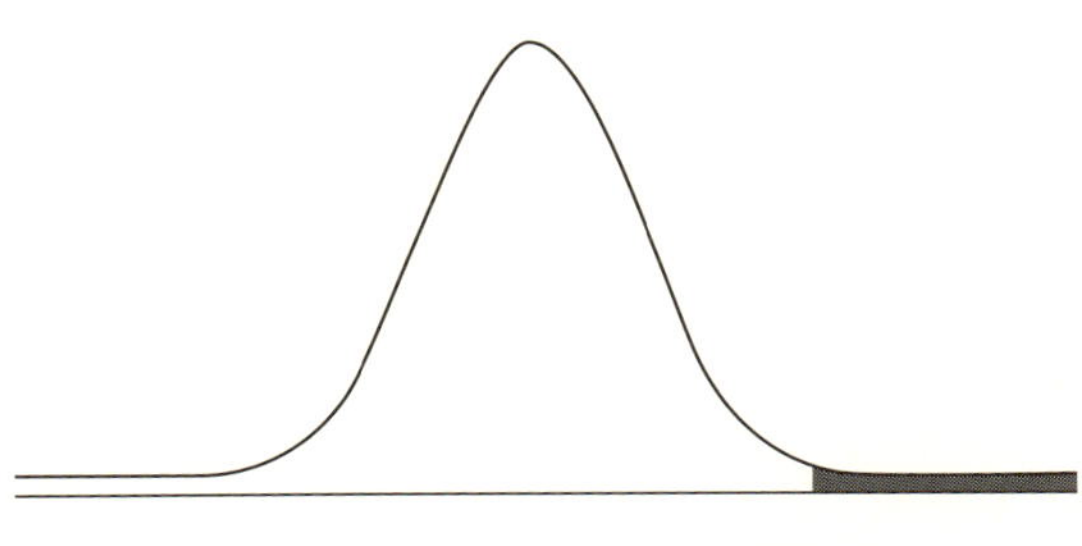

図4-16　正規分布の中の極値としての異常

効果量をトータルで持ってしまったために、正規分布の端のほうに位置するような表現型になってしまったと考える（図４－16）。この場合は、異常といっても、正常の分布の端ということになり、要は異常のように見えるものも正常の範囲の先にあるものして「程度の差」ということになる。「異常は正常である」とはこのことを意味する。

これを実証的に検証するためのふたごによる研究法にＤＦ極値分析法（DF extreme analysis）がある。これはふたごの類似性をもとにするこれまで説明してきた遺伝要因の推定法とは異なり、ふたごの片割れからもう一方の片割れを予測することによって、遺伝の様式と程度を推定する方法で、ジョン・ディフリースとディビッド・フルカーの２人の考案によることからこの名がついた[28]。

これまで説明してきたようなふたごの類似性をもとにした遺伝規定性の推測では、原則として知りたい対象集団全体を代表するランダムサンプルの相関が必要となる。しかしＤＦ極値分析法は、ある疾患を持つと診断された人々のデータから遺伝の影響を推定する。もし疾患を持つ人がある属性についての正規分布の極値にいる人とすれば、そのふたごのきょうだいのその属性についての値は、いわゆる「平均への回帰」によって、当人ほどは高くなくて、母集団の平均に回帰する傾向がある。この回帰の程度は遺伝子がすべて等しい一卵性よりも半分異なる二卵性のほうが小さいはずなので、この回帰の程度がその卵性差でどのくらい大きく説明できるかが、いわゆる遺伝率の推定値となる。ただしこの場合は集団中の個人差を説明する遺伝の割合を意味するのではなく、ある疾患を持っているグループとしての遺伝率ということなので「グループ遺伝率」と言う。もしその遺伝様式が単一遺伝子によるものだとしたら、ポリジーンに見られるような量的な「程度」の差はほとんど関係なく、一卵性か二卵性かで大きくきょうだいの片割れの属性の値が決まってくることになるが、もしポリジーンであれば、二卵性のときにその程度の差がきょうだいの相手の属性の値に量的に反映されるだろう。この違いを検出するのがＤＦ極値分析法である。この方法を用いると、多くの心的疾患や発達障害はポリジーンによる正常と連続したディメンショナルの極値として説明されることがわかる（この方法の詳細については他書[3]を参照されたい）。

遺伝学的な視点から見ると、多くの「異常」は「正常」と思われる世界から「地続き」で連続しているのである。その意味で両者は別世界なのではない。１つの正規分布（normal distrubution）を作り上げる仲間の中の極値なのだ。異常（アブノーマル）もまたノーマルの仲間であり、異常として規格（norm には「規格」という意味もある）から外れたと見なされるような人が必ず出現するということ自体が、自然の持つノーム（規範）であるという知見は示唆的だ（もちろん正規分布に従わない性質もたくさんあるが、それでも程度問題である場合が少なくない）。

3　なぜ行動遺伝学の発見は再現性が高いのか

科学的研究は集団的営み

ＳＴＡＰ細胞をめぐる一連の騒動は、一般の人たちに科学的発見の最前線の一端を、かなりデフォルメされた形ではあったが、垣間見させてくれる機会となった。筆者も一研究者として、あのときの喧騒を「興味深く」、そしてさまざまな「違和感」を持って眺めていた。

その違和感の１つが、科学的「発見」の証明責任が、あの１つの研究発表（そしてとくに１人の研究者）に対してのみ向けられたことだ。通常、ある新しい現象の発見やある理論の妥当性は、たった1つの研究だけでなされることはなく、その後になされるはずのさまざまな異なる研究者たちによる一連の検証研究によって、その確かさが確認されたり反証されたりするものである。もしあの現象が、意図的であれ意図を超えたものであれ、本当は正しくない結果であれば、たいていはその後の検証過程で否定されるものである。科学的研究は芸術作品とは異なり、個人的営みではなく、科学者の集団的営みである。ところが、あの事件の取り上げられ方は、特定の個人やその研究に従事した限られた研究者個人にその原因と責任が帰せられているような扱いがされがちだったこと、そして当の研究に従事する科学者集団以外の批判の声の大きさに戸惑いを覚えたのである。ＳＴＡＰ細胞も、あのような形で取り上げられなければ、メディアや世間一般の批判にさらされなくとも、早晩、他の多くの科学的発見と同様な道筋をたどり、自殺者など出さずに、その妥当性の評価が定まっていったかもしれないのである。

科学的発見のほとんどは誤り？

近年、発表された科学的成果の再現性の驚くほどの低さが問題とされている。ジョン・ヨアニディス[(47)(48)]は、「科学的発見のほとんどが誤りなのはなぜか」という聞き捨てならないタイトルの論文を著した。この研究の前提は、多くの発表された医学や分子生物学系の科学的発見は再現性がない、あるいは本当に正しいのか疑わしいという「事実」である。同じような指摘が、脳神経科学[(122)]、そして心理学でもなされている[(77)(80)(106)]。そうなのだ。科学的発見の多くはその後の検証研究の過程で再現されず、あるいは再現された研究とされなかった研究とよくわからない研究が続出する。その結果、確固とした科学的知見として残るものが発表数に比して少ない。それはそれでよい。科学的営みとは、検証に対してオープンであって初めてその価値が保証されるのだから。

ヨアニディスはこの事実を前提としたうえで、それがなぜかを問題にしている。それはいわゆる捏造や剽窃といった明らかな故意の不正によるものでは、まったくない。むしろ少しでも新しい成果を出そうと努力している研究者たちがしがちなことが原因であると思われる。いわく、サンプルサイズが小さい研究、統計的な効果量が小さい研究、きちんと吟味されないままたくさんの要素の関係を扱った研究、研究デザインや概念定義、結果の表し方、分析手法に厳密な一貫性がない（よく言えば、まだ柔軟性を残した）研究、研究費や名声など本質的でないところに関心が向けられていそうな研究、統計的有意性をめぐってしのぎを削る複数の研究集団がひしめき合っている研究だと、再現性が悪いという。萌芽段階で、さまざまな試行錯誤を経てこれから何かが確立されるかもしれない領域であればあるほど、このようなことが起こるであろうことは想像にかたくないだろう。そして研究した以上、成果を論文にして発表しなければならない。

実のところ、とりわけ行動科学や社会科学の他の領域では、こうしたことが頻繁に起こっている。そしてさらに困ったことは、その後の検証研究の積み重ねとそのメタ分析によって、はじめの結果が確かめられなかったにもかかわらず、いや場合によっては検証研究すらなされないまま、はじめの結果が科学的に証明されたものとして流布してしまうことがあるということだ。たとえば、教育心理学で有名なピグマリオン効果（教師が、この生徒は本当はできると確信を持って指導にあたると、その子の成績は本当によくなる）は、それがいかにもありそうであり、それが真実ならばその教育的価値は絶大であり、だからこそ多くの追試がなされた。その結果、再現された研究とされない研究がそれぞれひしめいて、全体としては、確実な効果があるとは言えない、すなわち「効果なし」ということになった。しかしこのピグマリオン効果は、その命名の妙も手伝っているのか、いまだに1つの「科学的事実」として語られることが多い。

行動遺伝学の知見が頑健である理由

科学のこうした状況を眺めたとき、ここでまとめられた行動遺伝学の10大知見が、再現性が高く頑健な知見となっていることは、やはり特筆に値する。プロミンはその理由を5つ挙げている[(85)]。

第1の理由は、行動遺伝学が扱う問題が、頭のよさが遺伝か環境かというような、遺伝・環境問題という論争の多い問題であるため、たった1つの研究で誰もが納得のいくことはあり得なかったからであるとプロミンは指摘する。科学的にきちんとした成果を出すために、より大きな、よりよい研究をしようという意欲が、この研究領域の研究者たちに共有されるようになっているのは、学会に参加するたびに強く認識させられてきたことだ。とにかく、数十組程度の、それでも日本で集めるには大変だったふたごのデータを持って行動遺伝学やふたご研究の学会に乗り込んでも、他国の何百、何千もの、それも丁寧にとられたデータに基づく研究成果の前に、何度打ちのめされる思いをしたことか。

ヨアニディスらが指摘する科学的成果の再現性が危うい状況を、ただ手をこまねいて見ているわけではない。多くの科学的実験は、検証したいある条件を与えた場合と与えなかった場合（あるいは別の条件を与えた場合）との間の統計的有意差の有無を問題にする。そして偶然でも生じる確率（俗にp値と言われ、通常、５％を基準にする）以上の結果が出たらその条件は妥当だった、出なかったら妥当ではなかったと判断され、報告されてきた。結果は検証されたか、されなかったかのどちらかだけだったわけである。それに対して、それが「どの程度」の差だったのか、その効果量とサンプルサイズをきちんと論文に明記することが重要だという認識が少しずつ高まっている。いわゆる「新しい統計量」のすすめである。仮に結果が再現されなかった論文であっても、その統計量の報告がなされていれば、どのような研究条件であれば関心の統計量にどの程度の傾向が表れ得るかの判断を、その後の分析に生かせることになる。

ひるがえって行動遺伝学やふたご研究を見てみると、こういうことは昔からなされていた。研究成果は、遺伝の影響があるかないかではなく、どの程度の相関や分散の大きさがあるか、つまり効果量がどの程度あるかが関心事であった。そして大小のさまざまなサンプルの、さまざまな効果量を持った研究が蓄積され、本章で紹介したようなメタ分析に生かされて、頑健な知見につながっている。これが再現性の高い研究をもたらす第2の理由である。

行動遺伝学の知見が頑健である理由の第3は、その関心が個々の遺伝子の効果ではなく、遺伝子の全体的効果に向けられていることである。先に述べたように、行動に関わる遺伝子について、分子生物学的な手法を用いたSNP研究の再現性は芳しくない。しかしふたご研究は、個々の遺伝的変異ではなく、ポリジーン全体の効果、すなわち遺伝率の推定をその主たる仕事にしてきた。それはしばしば統計学的にかなり高度なので、抽象的でわかりにくいとの批判を受ける。しかしむしろそれが強みなのである。心理的形質の遺伝率は30～50％と大きいので、再現されやすい。確かに遺伝子の「全体の正味量（net）」というのは、その詳細な中身に関する情報を捨象しているという意味で、情報量が限定されている。そのために細かな遺伝子発現や遺伝と環境の相互作用のプロセスレベルの理解に到達しづらく、行動遺伝学に対する不満の原因となっているのも事実だ。しかしそれは「木を見て森を見ず」である。もう少し正確に言えば、木には木のレベル、そして森には森のレベルの現象がある。個々の木々たちの動きでは見えにくいものが、それら全体として見るとはっきりと見えてくるものがある。それが行動遺伝学やふたご研究でとらえようとしている現象なのである。

第4に、多くの「最先端」の研究が、「新しい発見」を発表することに汲々としているのとは対照的に、行動遺伝学では検証のための追試研究が多い。とりわけ認知能力やパーソナリティ、精神病理の領域では、退屈なくらい追試がなされ、それをまとめたメタ分析の研究がなされている。それというのも、行動遺伝学を牽引しているモチベーションの1つが、まさに新しい発見よりも結果の再現性だからだ。こんな「保守的」な研究領域がほかにあるだろうか。

その最後にして最大の理由

そして最後にして最大の理由は、そもそも行動に対する遺伝子の影響の効果量が、全体として「本当に大きい」からである。行動遺伝学は、実際にはないものを「ある」と言いくるめようとしているのではない。これがガチガチの環境論者から見ると、行動遺伝学者は遺伝要因を故意に過大評価し、遺伝決定論に導こうとしていると邪推したくなるように見えるのかもしれない。かく言う筆者も、大学生だったときは「環境論者」として教育に関心を持って研究の世界に入ろうとした。そしてその環境論を実証しようと過去の研究を調べ出した矢先に、行動遺伝学の一連の論文にさらされることになった。そのころ（１９８０年代）が、ちょうどアメリカやオーストラリアで進行していた大規模な双生児縦断研究の成果が出始めたころ、第1章で描いたふたご研究論文数のグラフで、その急激な上昇が始まったころであり、これでもか、これでもかというほど、すべてが行動への遺伝の影響を示す結果を出していることに、もはや環境「だけ」論、環境「のほうが大事」論は通用しない事実に直面させられたのだった。

それは一部の学派が何らかの理論的学説として遺伝の重要性をイデオロジカルに主張しているというものではない。確かにふたごのデータを持っているチームは、その入手の難しさから、一部に限られているとは言えるだろう。またそのデータを解析する手法も、本書で紹介したＡＣＥで説明するモデルに落とし込むという点では、量的遺伝学のモデルに則った限定的な手法である。しかしそれに従う限り有意な遺伝の影響が、どの国のどのチームのどの研究者が分析しても、ほとんどの場合で退屈なほど、同じように示されてしまう。これはもう本当に遺伝の影響が実体として実在することの証拠としか言えないだろう。これはイデオロギーではなく、リアリティーなのだ。

量的遺伝学のモデルとはまったく異なる、たとえば複雑系やオートポイエーシス理論などに影響されて、ひょっとしたら重要なのは遺伝ではなく、遺伝子とは別のレベルの分子的メカニズムがその周りの状況要因との間の相互作用によって生み出した自己組織化の過程であり、一卵性双生児が二卵性双生児より類似するという遺伝の証拠と行動遺伝学者が「解釈」するものも、古典的で固定的な「遺伝」概念が作り出したアーチファクト（人工物）に過ぎないと主張する人がいるかもしれない。実際、エピジェネティクスのダイナミックな諸現象を強調し、そういう「新しい遺伝観」にくみしようとする人たちもいる。たとえば発達的心理生物システム(developmental biopsychological system; DPS)[59]の提唱者たちだ。しかし、次章で紹介するように、エピジェネティクス現象自体にも古典的な遺伝の影響が見て取れるのである。いまのところ行動遺伝学の知見と整合性を図りながら、量的遺伝学のモデルを根底から覆せるほどの画期的な理論は現れていない。

第5章

ふたごの違い

——エピジェネティクスの話

1　「遺伝と環境」から「ジェネティクスとエピジェネティクス」へ

エピジェネティクスとは何か

「遺伝（ジェネティクス）」に対するコトバは何だろう。これまではもっぱら「環境」だった。「遺伝と（and）環境」「遺伝対（vs）環境」「遺伝を通しての（via）環境」……などなど、この2つのコトバは常にセットになって人口に膾炙してきた。そもそもこれはもともと nature と nurture というゴールトンのゴロのよい単語の対比に由来し、「生まれか育ちか」という誰もが抱く疑問を言い表した対立概念として議論されている。

しかし時代はいま、別のコトバに着目している。それが「エピジェネティクス（epigenetics）」だ。「ジェネティクス」の前についた「エピ」とは「後に」という意味で、「後成的遺伝」あるいは「生後に生ずるDNAの化学的変性による遺伝情報発現の調整メカニズム」のことを指す。[*12]

生まれた後になって生ずるDNAの化学的な変性によって遺伝情報の発現を調整するメカニズムにはいくつかあるが、主なものはDNAメチル化とヒストンのアセチル化の2つである。すなわちDNAを構成する塩基の1つ、シトシン（C）のある特定の位置（CpGアイランドと

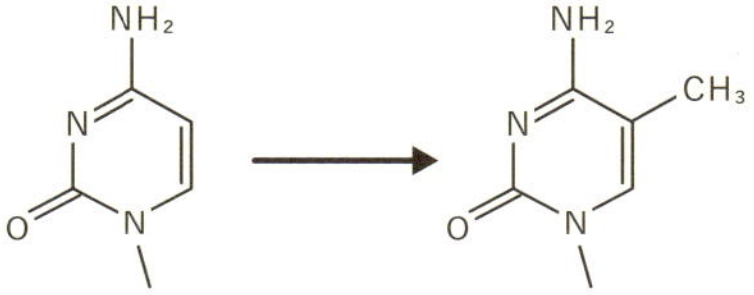

図5-1　シトシンのメチル化

呼ばれる部位が多い）にメチル基（CH_3）がつく（図5－1）ことによって、その部分の遺伝情報の発現が抑制される「メチル化」、それから長いDNAの鎖をヒストンに巻きつかせてコンパクトに畳み込んでいるクロマチンという構造体の特定の位置にアセチル基がつくことによって、その近傍のDNAをほどいてRNAへの転写を促し、その遺伝情報を発現させる「アセチル化」である。

生命現象のダイナミズムに関与

エピジェネティクスが生命現象のダイナミズムに関わっていることを示す事例としてよく挙げられるのは、三毛猫やアグーチネズミの毛の模様である。三毛猫の黒、黄、白の3色からなるあの模様は、3種類の遺伝子の組み合わせによって決まるが、そのうちの1つが性染色体であるX染色体上にある。メスの三毛猫の性染色体は、ヒトと同じく父（オス）親由来のXと母（メス）親由来のXからなるが、細胞によっ

＊12　これ以降のエピジェネティクスに関する一般的な説明はフランシス[34]、仲野[71]、太田[75][76]を参考にした。

てランダムにそのいずれかがヒストンのメチル化で不活性化されるため、その3色模様がどのようなデザインになるかは偶然に左右され、予測がつかない。だから仮に目に入れても痛くないほどかわいがっていた三毛猫が死んだので、身代わりを作ろうと、その細胞からクローンを作っても、新しく生まれてきた三毛猫は、残念ながら死んだ猫と同じ模様にはなってくれない（実際アメリカでは、そのためにペットのクローンビジネスが失敗したという）。

これはエピジェネティクスがランダムに生ずることを示す事例である。だがランダムといっても、黄色になった毛の細胞が、次に細胞分裂するときにまたランダムに色を決めていたとしたら、細胞が入れ替わるたびに3色模様がネオンサインのようにチカチカと目まぐるしく変わってしまうことになる。そうならないで、模様そのものが変わらないのは、そのエピジェネティックな変化自体は、細胞分裂のたびに伝達されていくからである。そこがエピジェネティクスのミソだ。後生的な遺伝子の化学的変性がその変性した状態できちんと伝わっていくのだ。

ゲノム刷り込み

よりシステマティックなエピジェネティクスの例として、これもよく紹介されるのは、ラバとケッティである。これはどちらもウマとロバの交配から生まれるが、父親がロバならば働き者で性質のおとなしいラバ、父親がウマなら、のろくて鈍い小ぶりのケッティになる。どちらも両親から受け継いだＤＮＡの全体は同じだが、父親由来、あるいは母親由来のどちらかのゲノムがメチル化により不活性化するというゲノム刷り込み（インプリンティング）という現象によってこの差が生ずるのである。

これと似たメカニズムでヒトに生ずるゲノム刷り込みの例としては、プラダー・ウィリー症候群とアンジェルマン症候群がある。どちらも症候群と名のつく通り、身体的特徴から精神機能に及ぶさまざまな症状を併発する重篤な疾患である。プラダー・ウィリー症候群は筋力が低いための運動障害や性的成熟の遅れ、低い身長と食欲が止まらないことからくる肥満、そして特定の事物への固執などを特徴とする（形態認識が得意でジグソーパズルを解くのが速いという報告がある）。一方、アンジェルマン症候群は歩行などの動作の異常や多動性と重度の言語発達障害、そして多幸性として特徴づけられる頻繁な笑いなどが見られる。いずれも他者との社会的関係が築きにくいという点では自閉症スペクトラム症候群との類似性もあるが、基本的には症状の異なるこの2つの疾患が、実は15番染色体上のほぼ同じ部位（15q11－13という番地を持つ部分）の欠失によることが知られている。同じ部位の欠失なのに異なる症状を呈するのは、15番染色体のその部分の欠失が父親由来か母親由来かによる違いがあるからで、父親由来の場合にプラダー・ウィリー症候群に、母親由来の場合にアンジェルマン症候群になる。遺伝子はもともとこれら2つの染色体に1対であるのだから、一方が欠失していてももう一方で補ってやれるはずだ。それなのにこうした不具合が生まれるのは、エピジェネティックなゲノム刷り込みによって、ある遺伝子は父親由来にのみ、ある遺伝子は母親由来にのみ、不活性化が生じているからだと考えられている。ちなみにこの同じ部位には自閉症関連遺伝子もあることが知られている。

環境への適応を次世代に伝える

エピジェネティクスがとりわけ重要視されているのは、しかしこのように遺伝子発現を制御するプロセスに関わるからというだけではない。それが環境の影響に対する適応的な反応として作用し、しかもそれを次世代に伝達させる機能すら持つことがあるからである。

とくに有名な事例は、母ラットの毛づくろい行動が子ラットのストレス耐性のエピジェネティクスに及ぼす影響に関する研究である。母ラットから頻繁に毛をよくなめられ毛づくろいをしてもらった（これを「愛情深い子育て」と擬人化することがあるが、人が抱く愛情と同じかどうかはわからない）子ラットの海馬では、ストレスホルモンであるグルコ（糖質）コルチコイドの受容体（GR）の遺伝子のプロモーター領域で、「愛情の乏しい」母に育てられた子ラットよりも、DNAメチル化が低下し、ヒストンのアセチル化状態が増加する。するとGRの発現量が上昇して、ストレスに対する耐性が高く、打たれ強い性格になる。このような母の養育行動と子どもの行動との関係は、遺伝によるもの（つまり遺伝的にストレス耐性が高いので安定した優しい子育てができ、その子もその遺伝子を受け継ぐからストレス耐性が強くなる）ではないことは、愛情深い親から生まれた子と、そうでない親から生まれた子の親子の組み合わせを逆転させてみたことで検証されている。このような変化が、まだ子どものときの経験であるにもかかわらず生涯を通じて持続性を持つのは、それがその場限りの適応反応ではなく、エピジェネティックに遺伝子発現まで制御されているからである。そしてそれは、ストレス耐性と養育行動とがエピジェネティックなメカニズムによって世代間で再生産される可能性を示唆するものでもある。

人間でも、これにある意味で似た現象が、飢餓に見舞われた母親に生まれた子どもの低体重に見出されている。第２次世界大戦下のオランダ西部で、１９４４年から１９４５年にかけて、ドイツ軍による食糧封鎖が生み出した「自然実験」では、１人あたりの摂取カロリーは１日１千キロカロリーを下回り、ひどい場合は５００キロカロリー（ちょうどご飯１合分程度だ）にまで落ち込んで、飢餓で２万人を超すオランダ人が死亡したほどであったという。こうした極度の飢餓の影響を調べようと、研究者たちは母親本人だけでなく、その子ども、さらにはそのまた子どもの成長を追跡調査した。飢餓を経験した人たちに直接の悪影響が出たことは言うまでもなく、彼らの脳や内臓の細胞に明らかな異常が頻出した。それと同時に、飢餓を経験した母親から生まれた子どもも低体重で病弱であった。この影響は子宮内のいつの時点で母親が飢餓を経験したかによっても異なり、胎児期７か月以降の飢餓を経験した子どもの出生体重は異常に小さいが、胎児期の３か月より前だと逆に標準以上の体重になることがわかった。

この研究の驚くべき点は、こうした影響がそのときの子どものそのまた子ども、つまり孫の代まで伝わったことだ。これは飢餓環境の直接の影響とは考えられない。母親が飢餓のときに生まれた子どもも、大人になって自分が子どもを産むころには、平和が訪れて、きちんとした栄養を摂取できていたからだ。にもかかわらず、孫の代においても低体重となって生まれた。この理由は、何らかの遺伝子のうえでの伝達、つまりエピジェネティクス以外には考えにくい。実際、飢餓を経験するとインスリン様成長因子（ＩＧＦ２）のメチル化の程度が変わることが示された。飢餓による体重の減少は、チャウシェスク政権下のルーマニアでも、同様の事例が報告されている。

「遺伝と環境」の二項対立を解く突破口に

さらにエピジェネティクスがいま注目されているのは、こうした個々の現象の興味深さもさることながら、生命現象のより本質的な部分、つまり遺伝情報のダイナミックな発現機構を司るメタ情報をそれが担っているかもしれないという期待、そしてそれが「遺伝と環境」の二項対立の呪縛をいよいよ乗り越える突破口になるという期待があるからである。一生の間その配列が固定化され、すべての細胞が同じように持つたった30億対の塩基とそこに埋め込まれたせいぜい2万あまりの遺伝子という物質が、なぜヒトをはじめとした生きとし生けるものすべての、この奇跡中の奇跡とも言うべき柔軟でダイナミックな生命現象を生み出すのかという、その生命現象の本質に迫るものと考えられているからである。エピジェネティクス自体は、特定のタンパク質の合成を担う遺伝子を働かせるか止めるかのスイッチのオン・オフに関わる機能に過ぎないが、それがＤＮＡ情報を操るメタ情報として、生命活動の重要な機能を担っていると考えられるようになったのである。

一人ひとりを作る遺伝情報は、ＤＮＡの塩基配列として、原則として一生変わらない。そればかりでなく、一人ひとりを作り上げている60兆個の細胞の核の中にある遺伝情報もすべて同じだ。それなのに、髪の毛や筋肉や骨や神経など、異なる２００種類もの細胞に分化し、しかもそれらが１人の生きた個体を作り上げて、環境に適応して正しく生命活動を行えるよう、整然とこれらそれぞれの細胞を組織化し、維持し、機能させているのは、どのようなメカニズムがあるからだろうか。それは生まれてきてから後の遺伝子が働く過程で、それぞれの状況でそれぞれの細胞において、エピジェネティックなメカニズムによって的確に遺伝子発現のそれぞれに異なるスイッチが入ったからにほかならない。また一生変わらない遺伝子を持ちながら、皮膚の色は変わり、性格や能力も変わっていくのはなぜか。ここにも遺伝子のスイッチが入るか入らないかというエピジェネティックなメカニズムが関与しているに違いない。

このように、エピジェネティクスという概念は、単に「生まれる前から持っているものの影響」と「生まれた後の影響」という対比だけではなく、「静的」と「動的」という対比も含み、その動的というのが、生まれてから死ぬまでの、いや死後も次世代に伝達されるＤＮＡの「動かし方・使い方」の変化と安定性に関する情報という意味で動的なのである。そしてさらに重要なのは、「遺伝と環境」に強くあった「内（遺伝）」と「外（環境）」との壁がベルリンの壁のように取り払われ、内と外をつなぐ道ができたということだ。

2 ふたごとエピジェネティクス

なぜふたごが脚光を浴びるのか

生命現象のこうしたダイナミクスを説明するカギとして着目されているエピジェネティクスが、なぜふたごの話とからんでくるのか。それは、この現象を最もはっきりと見せてくれるのが一卵性双生児の「違い」だからなのだ。まったく同じDNAの塩基配列を持った2人が違った様相を見せているとすれば、そこに生まれた後から生じたエピジェネティクスの違いが反映されているはずだ。実際、生身の一卵性双生児は、同一の遺伝情報を持ちながら別々の人生を生きている。異なる環境のもとで、異なる経験を積み重ねている。それでも類似してしまう部分に光をあてることによって、私たちは遺伝の影響を明らかにすることができた。それに対して、同じ遺伝子なのに違ってしまう部分に光をあてることによって、今度はエピジェネティクスを明らかにできるのである。同一の遺伝子を持ち、同一の家庭環境で育ちながら、それでも違うとすれば、それは非共有環境の影響だと行動遺伝学では考えた。そして行動遺伝学の3原則の第3原則や、10大知見の知見⑨では、その非共有環境が個人差の大きな源であると述べた。いま、それらがエピジェネティクスの所在を明らかにする豊かな情報源として脚光を浴びつつあるのである。

一卵性のエピジェネティクスの差異

そもそも一卵性双生児のきょうだいの間に、どれほどのエピジェネティックな差異があるのだろうか。それを初めて明らかにした研究が2005年にマリオ・フラーガらによって発表され[33]、脚光を浴びた。フラーガらは3歳から74歳までの80組の一卵性双生児のリンパ細胞などから採取したDNAについて、X染色体のアンドロゲンの受容体に関わる場所の不活性化と、2種類のヒストンのアセチル化（H3、H4）、そしてDNAメチル化（5mC）の量を調べた。

この研究の重要な発見は次の2点だろう。①エピジェネティックな変化の一卵性双生児間の類似性が高い、②年齢が高いとエピジェネティックな変化の一卵性きょうだい間の差異が大きくなる。とくに②は、エピジェネティクスによる遺伝情報発現の生涯にわたる可変性が、同一の遺伝的条件であってもこれだけあるのだということを明示した点で、注目された。それに比して①の知見はあまり脚光を浴びないが、これも重要な知見である。

たとえば、X染色体の不活性化について見ると、そのデータの得られた女性の一卵性双生児16組のうち、13組（81％）ではそのメチル化のパターンは同じで、差異が見られたのは残りの

3組（19％）だった。調べたX染色体不活性化の部分は、疾患をもたらす可能性のある部位を含むものであったが、この3組にはとくに疾患の差異などはなかったという。

印象的なのはアセチル化とメチル化の量の一卵性きょうだい間の差が、若いグループよりも年長グループのほうが大きいという結果だ。図5－2は、3歳の一卵性と50歳の一卵性で比較した結果である。この図が示すように、3歳のときにはその量的差はほとんどないのに対して、50歳では明らかに有意な差がある。また染色体のどの部位にどの程度の差があるかを図示したのが図5－3である。オリジナルの論文では、エピジェネティックな変化の量に応じて色分けされているのでわかりやすいのだが、これを注意深く見比べると、50歳のときのエピジェネティックな変化が3歳のときよりも広範にわたって生じており、そしてきょうだい間の差もより多様になっているのがわかる。

最先端のディスコツイン研究

その後、こうした一卵性のエピジェネティックな変化の差異、すなわち遺伝子発現の差異が、疾患など重要な表現型の違いとなって現れてくるのかを明らかにしようとする研究に注目が向けられるようになった。これは、関心の対象となる表現型において不一致、あるいは大きな差のある一卵性双生児に着目し、そのエピジェネティクスの違いを明らかにしようとするもので、不一致一卵性（discordant monozygotic（MZ）twin）研究と呼ばれる（業界では、これが「ディスコツイ

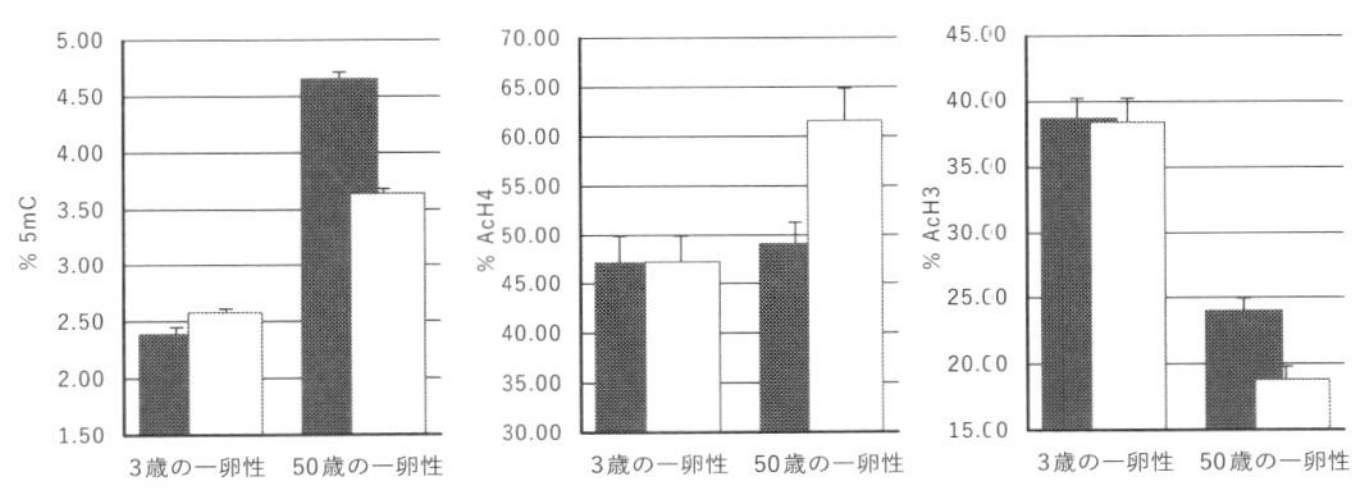

図5-2　一卵性双生児の間のエピジェネティクス（アセチル化とメチル化の量）の違い(33)

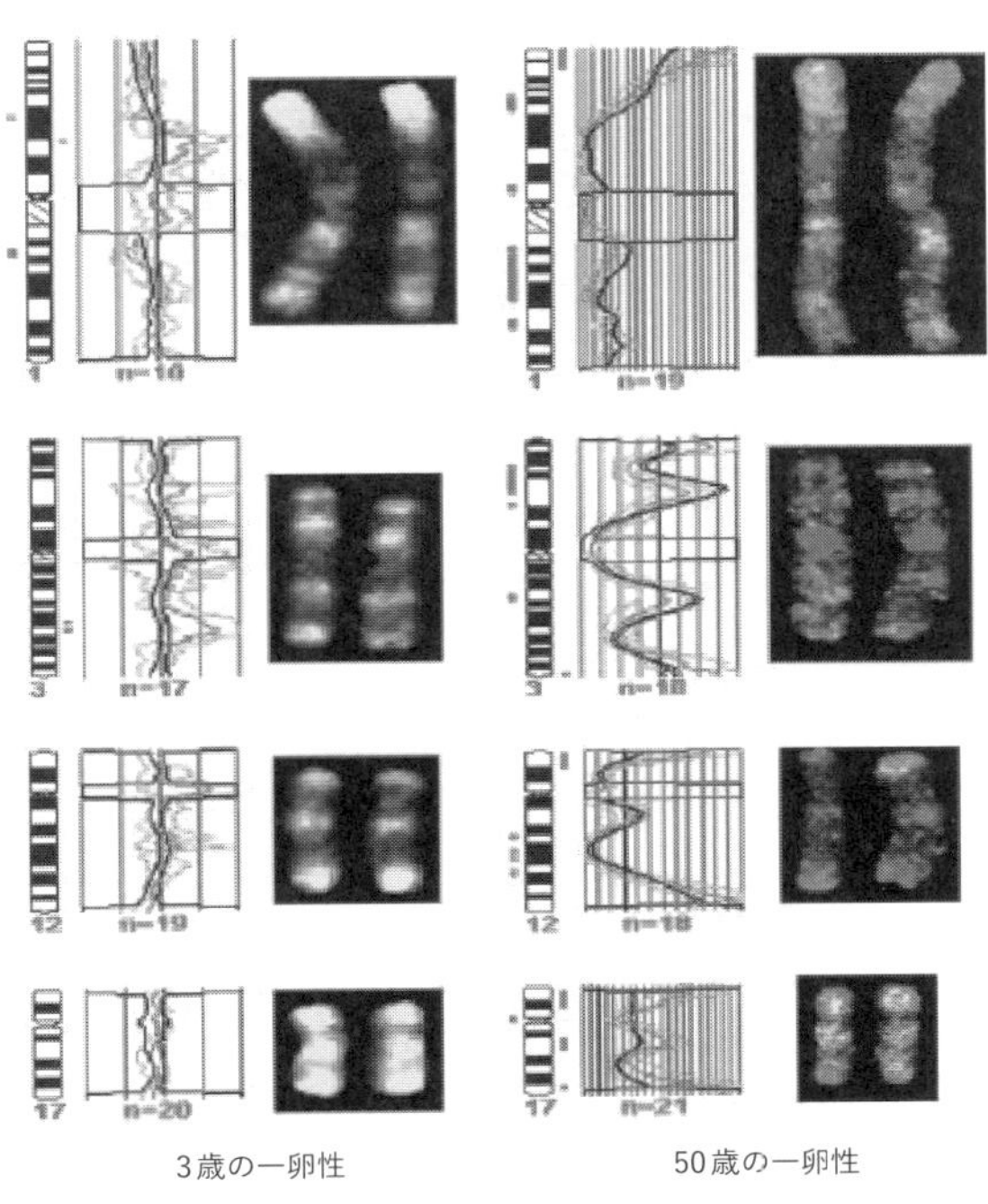

図5-3　一卵性双生児の間の染色体上のエピジェネティクスの違い(33)

ン」と称されて、ちょっとした流行り言葉になっている)。

ディスコツイン研究は、一般のエピジェネティクス研究では難しい条件統制をクリアしているところがミソである。一般のエピジェネティクス研究でも、ある疾患を持っている人たちのグループとそうでない人たちのグループのDNAメチル化やヒストンのアセチル化の場所や量を比較する。しかしそれはいずれも遺伝的には赤の他人のグループなので、関わりのあるはずの遺伝子やDNAの塩基配列「以外」の部分や、さらにはそれまでにさらされてきた環境とそれが引き起こす経験も異なっており、そこに本来の見出したい現象とは無関係の何かシステマティックな差異が入り込んでいる(これを「交絡する」と言う)可能性が排除できない。しかし一卵性双生児の場合、基本的に遺伝情報はすべて等しく、かつ生育環境も互いによく似ている。したがって、統制条件としては、人間で考えられる限り最も理想的な条件で交絡要因をコントロールした比較ができるわけである。

本書のこの章を執筆していた2016年の中ごろまで、この不一致一卵性のエピジェネティクス研究は途に就いたばかりであり、萌芽的な段階であったため、2002年ごろから発表された2014年と2015年にそれぞれまとめられた不一致一卵性の研究成果の一覧[19][104]にその後の40本弱の論文を追加して紹介すれば事足りるはずだった。しかし2016年中に、それまでの研究数を凌駕する不一致一卵性のエピゲノム研究の論文が刊行され、それは現在も進行中であり、それをうまくまとめることは筆者の力量では不可能である。それでも、そのごく一部を紹介することで、この最先端のふたご研究の動向を知ってもらいたい。それは乳がんや多発性硬化症、糖尿病などの疾患から出生体重のような身体的形質まで多岐にわたるが、発達障害（自閉症スペクトラム症候群）や精神病理（統合失調症、うつや双極性障害）のような心理的形質を対象とした研究もやはり多い。

たとえば乳がんのエピジェネティクスを調べた研究[40]では、15組の不一致一卵性の血液から得られたＤＮＡメチル化の状態を４５０Ｋ（４５０×１０００＝45万か所のＳＮＰの発現量を見る）という高感度で調べ、ＤＯＫ７というタンパク質をつなげる機能を持つタンパク質をコードする遺伝子で、乳がんを持つ人と持たない人との間にエピジェネティックな差異があることがわかった。しかもその変異は、診断を受ける約5年前からあったことから、この変異が少なくともがん進行の初期の段階から関係していることが示唆される。この変異がどのような意味を持つのかはまだ不明であるが、今後の研究の展開に期待の持てる成果であると言えよう。

ここからはとくに心理的形質を扱った不一致一卵性のエピジェネティクスの研究をまとめてみよう。

自閉症スペクトラム症候群のエピジェネティクス

自閉症スペクトラム症候群は最もよく知られた発達障害の１つで、子どものころから社会的コミュニケーションや社会的相互作用（それがコトバによるものであれ、視線や身振りなどコトバにようないものであれ）の障害や、同じ行動を繰り返したり1つのことに強い関心を固定化させてしまうような傾向を示し、それが知的能力の低さによるものとは考えられないような障害である。

きょうだいの片方が自閉症スペクトラム症候群という診断を受けているが、もう一方は診断を受けていない（といってもその兆候は示していたという）一卵性双生児きょうだい3組を、そのうちの2組にいた双生児以外の健常なきょうだい2名も含めて調査対象とした研究[72]で、CpGアイランドのメチル化の違いを見ると、不一致ペア間で比較した場合と、診断を受けた側の一卵性の1人とその双生児でない健常なきょうだい間で比較した場合とでは、差異のある遺伝子は必ずしも一貫しないのだが、両方を合わせると、これまでに神経学的疾患や神経の発達に関わることが確かめられてきたことのある73もの遺伝子に差異が見出された。さらに亡くなられた後の脳組織からとられたサンプルまで見ると、BCL－2とRORA（レチノイン酸関連オーファン受容体α）と呼ばれる遺伝子にメチル化の差異があることが確認されたという。一般に不一致一卵性のメチル化（過剰、低下ともに）を見ると数十もの遺伝子に差異が見出され、論文ではそのうちの上位の遺伝子だけが報告される。その確実性や効果の大きさは、複数の研究間や方法間の一貫性をもって検証されなければならない。したがってこの研究のように、不一致一卵性で見出されたエピジェネティクスに差異のある遺伝子を、双生児ではない一般の患者や健常者との間で比較したり、とくに亡くなられた患者の脳部位の細胞に見られるエピジェネティクスの変化と比較することによって、結果の確実性を検証するのである。

自閉症スペクトラム症候群に関して、50組という比較的大きな不一致一卵性のサンプルで検討した研究[123]も紹介しよう。このサンプルは医師の診断によるものではなく、前章で紹介したプロミンの率いるイギリスの人口代表性の高い７千組を越す双生児の縦断プロジェクトＴＥＤＳの参加者に行った自閉症傾向を測る質問紙（児童期自閉症兆候テスト、ＣＡＳＴ）で見たとき、自閉症のリスクが疑われる基準値を超すか超さないか判断している。その結果、これまでにエピジェネティックな変化が報告されているＧＡＲＢ３、ＡＦＦ２、ＮＬＧＮ２などの遺伝子に罹患者と非罹患者の間のＤＮＡメチル化の差異が見出された。

うつ病と双極性障害のエピジェネティクス

うつ病と双極性障害は、ともに気分障害と呼ばれる精神疾患の２様態で、気分が極端に落ち込んだうつ状態が続く疾患がうつ病、うつ状態と躁状態の２つの極端な気分状態が繰り返される疾患が双極性障害である。同じうつ状態を共有はするが、これらは異なる疾患であることが知られている。

青年期のうつ病の不一致一卵性18組について、全ゲノムのメチル化を調べた研究[31]では、これら18組すべてに共通して差のあるメチル化が見出されたわけではなかったが、10番染色体上にあるＳＴＫ３２Ｃという遺伝子の中のｃｇ０７０８００１９というプローブとＤＥＰＤＣ７という遺伝子の中のｃｇ０９０９０３７６というプローブにおいて、死後の脳サンプルにおいても再現性のあるメチル化の差異が見出された。またイギリスとオーストラリアの50組の不一致一卵性による大うつ病の研究[25]では、ＺＢＴＢ２０という遺伝子に過剰なメチル化が起こっているのを見出している。

双極性障害では理化学研究所の加藤忠史研究室の先駆的な研究で、倉冨剛らによるものがある[58]。彼らが扱ったのはわずか１組の不一致一卵性だが、全ゲノムでＤＮＡメチル化の差異を包括的に探索したところ、10個の領域に差異が見つかり、その中で最も広範な差異が認められたのがＰＰＩＥＬの第１エクソン周辺部だった。健常双生児ではほぼ完全にメチル化されていたが、疾患を持つ双生児ではメチル化が全体的に低下していたという。この研究では、さらに双生児ではない双極性障害患者群と健常者群との間でも検証をして同じ結果を見出している。

同じく双極性障害における11組の不一致一卵性のＤＮＡメチル化の差異を扱った研究[30]がある。それによると、ＧＰＲ２４というメラニン濃度を高めるホルモンに関わる遺伝子の受容体で、疾患を持つきょうだい側でメチル化の低下が認められた。

ＤＮＡメチル化ではなく、やはりエピジェネティックなメカニズムで生ずるＸ染色体の不活性化と双極性障害との関連を、女性の不一致一卵性において見てみた研究もある[94]。女性は性染色体Ｘを２つ持ち、一方が父親由来、もう一方が母親由来であるが、そのうちの一方が不活性化されることがある。この研究では、双極性障害を持つきょうだいにおいて、Ｘ染色体の特定の領域が不活性化していることがわかった。

統合失調症のエピジェネティクス

この双極性障害を扱った2つの研究では、同時に統合失調症の不一致一卵性のDNAメチル化も対象としている。統合失調症は双極性障害と並ぶ2大精神疾患の1つだからだ。かつて精神分裂病と呼ばれたことからもわかるように、思考や感情など精神機能がまとまりにくくなる精神疾患で、幻聴や幻覚、自他の区別ができない、考えが勝手に湧き出て自分でコントロールできない自生思考のような陽性症状が表に現れる顕著な症状だが、陰性症状と呼ばれる抑うつや不安、感情の平坦化といった感情の障害が双極性障害と重なる。そのためそのエピジェネティクスの重なり具合を調べたのである。

女性のX染色体の不活性化を調べた研究(94)では、双極性障害にはそれが見出されたが、統合失調症に顕著なエピジェネティクスの差異は認められなかったという。もう一方の研究(30)では、統合失調症についてとくにPUS3という遺伝子に顕著に差異が見出されたのみならず、双極性障害と統合失調症の両方で共通してST6GALNAC1遺伝子にメチル化の差異があることが見出された。この遺伝子のプロモーター領域に低メチル化が見られたのである（図5－4）。この図が示すように、ペアごとにはどの遺伝子でも発現量には差異があり、人によっては逆方向に出る場合すらある。しかし全体的に見れば、いずれの疾患においても、それぞれの遺伝子でメチル化の差異が一定の傾向性をもって見出されていると言えよう。

これより前になされた統合失調症の一卵性によるエピジェネティクス研究[82]では、この疾患を両者とも発症している一卵性きょうだい（一致組）と、片方だけ診断のついている不一致組を対象に、ＤＲＤ２（ドーパミン受容体遺伝子の１つ）について検討し、この４人のうち疾患を持つ３人の間のエピジェネティクスの距離が健常な１人よりも近いことを示している（表５－１）。

アルコール依存のエピジェネティクス

アルコール依存（アルコール使用障害）に関しては、とくにアルコールに遺伝的に弱い人の多くいる日本人でＡＬＤＨとＡＤＨの遺伝子の多型の関与が知られているが、全ゲノムでＤＮＡメチル化を18組の不一致一卵性で調べたフィンランドの研究[95]では、ＰＰＭ１Ｇという遺伝子に過メチル化が起こっていることを明らかにした。さらに青年期の約５００人の双生児でない人たちを対象に、脳構造や性格特性とこの遺伝子との関連をも見出すことができた。このＰＰＭ１Ｇの過メチル化は、さらに衝動性課題を行っている最中の右視床下核での血液酸素レベル依存反応の増加と関連していることも見出されたという。

攻撃行動のエピジェネティクス

続いて、精神疾患や発達障害とは異なる心理的・行動的形質を扱った不一致一卵性の研究[115]を

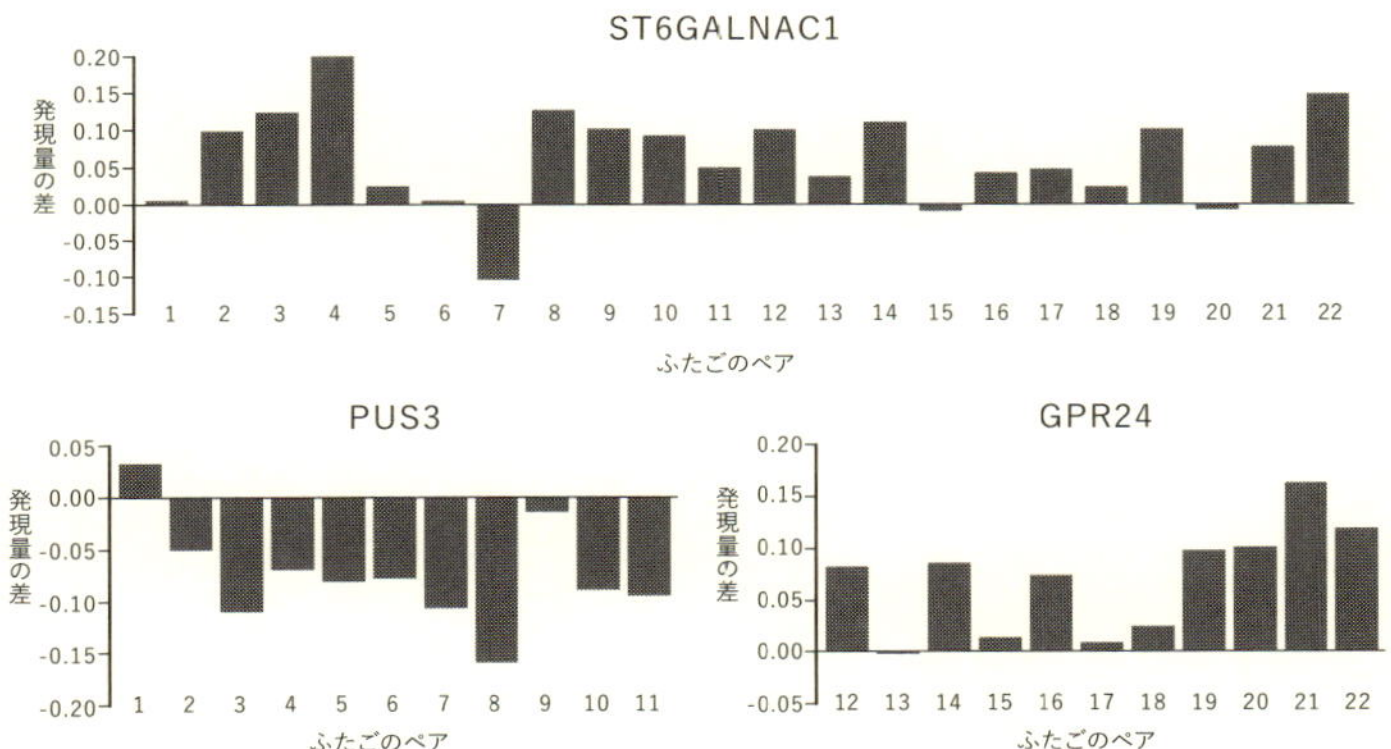

図5-4　双極性障害と統合失調症の両方における不一致一卵性のDNAメチル化の差(30)

表5-1　統合失調症の双生児間のエピジェネティクスの距離(82)

双生児のID	DS-24A	DS-24B	CS-5A
CS-5A	0.74	0.89	—
CS-5B	0.63	0.82	0.70
DS-24A	—	0.92	0.74

CS-5とDS-24の2組の一卵性で、CS-5A、CS-5B、DS-24Aは統合失調症を持ち、DS-24Bは持たない

見ていこう。この研究では、大規模な成人双生児レジストリーであるオランダ双生児レジストリーの協力者を対象とした質問紙調査から、攻撃性について顕著な不一致例20組を選び出し、常染色体上の40万を超すサイトのDNAメチル化を検討した。その結果、コホート全体の関連分析で見たときの上位にｃｇ０１７９２８７６（第8染色体上のＴＲＰＳ１遺伝子の近傍）、ｃｇ０６０９２９５３（第18染色体上のＰＡＲＤ６Ｇ－ＡＳ１遺伝子の近傍）、不一致一卵性をペアごとに見たときの上位にｃｇ２１５５７１５９（第11染色体上のＲＡＢ３９遺伝子の近傍）、ｃｇ０８６４８３６７（第19染色体上のＳＩＧＬＥＣ１０遺伝子の近傍）とｃｇ１４２１２４１２（第6染色体上のＰＲＥＰ遺伝子の近傍）が見られ、このうちの２つｃｇ０８６４８３６７とｃｇ１４２１２４１２で、全コホートと双生児に同じ方向性が確認された。

朝型・夜型のエピジェネティクス

早く寝て早く起きるのを好む朝型と、その逆に夜更かし・朝寝坊を好む夜型の人がいるのは広く知られている。あなたはどちらの型だろうか。朝型の人は活動時間も午前中から昼過ぎに集中するが、夜型は寝静まってから活動性を発揮するというように、日々の行動パターンが異なる。これはいわゆる体内時計、あるいはサーカディアンリズムという生命のリズムに関わるものであり、比較的安定した個人差があることが知られている。ここにもエピジェネティックな変化が関与していることが予想される。

ＭＥＱという朝型・夜型の好みを測るアンケートで顕著な差があった15組の一卵性について、ＤＮＡメチル化を比較したところ、やはり多くのサイトに差異が見出されたが、主としてＳＲＭ４とＫＮＤＣ１の中のＣｐＧサイトにメチル化の差異が見出された[124]。ＳＲＭ４は自閉症と関連があると言われている遺伝子だが、自閉症にサーカディアンリズムの変調がしばしば見られるという。また内皮細胞でＫＮＤＣ１の発現が少ないと細胞の老化が遅くなるが、細胞の老化がサーカディアンリズムを損ねるらしい。

筆者らによるＩＱのエピジェネティクス研究

最後に筆者らの双生児研究チームが神戸大学医学部の戸田達史研究室と共同で行ったＩＱに関する不一致一卵性の研究を、少し詳しく紹介しよう[129]。

そもそもＩＱを研究対象にすること自体、その是非が問われる問題であろう。ＩＱは一般に頭の良し悪しの指標とされ、学業成績や社会的地位などの重要で気になる尺度を予測する。それはお金に似て、それだけをたくさん持っていても何の意味もないにもかかわらず、大きいほうがよいと考えられ、それをたくさん持つ人は持たない人の目からはうらやましさとねたましさの混ざった思いで見られがちである。そして行動遺伝学的に見たときなおさらやっかいなのは、これが心理的形質の中でも最も遺伝規定性が高く、第４章で見たように60％から80％の値を示し、おまけに家族を類似させる共有環境の影響も珍しく効いてくる形質だということである。ということは、ただでさえよく似ている一卵性のきょうだいでは、ＩＱはとりわけ似ている傾向が高いということだ。

　そのＩＱにおいて、差の大きな一卵性双生児のペアを比較するわけである。私たちの研究で「差の大きな」と判断する基準は15点の差とした。これはＩＱの分布において1標準偏差に相当し、もはや誤差範囲とは言えない大きな差である。実際、双生児ではない人の間でこれだけ違うと、だいぶ異なった人物印象になるのが普通である。「ＩＱは高いほどよい」という素朴な知能観を多くの人が持つ中で、そのような差異を一卵性双生児のきょうだい間に見出し、それを研究対象とするなど、倫理的にも心情的にも、違和感や憤りを覚える人は少なくないだろう。ましてや双生児ご本人はこれをどのように受け止めるだろうか。そして私たち研究者はこのことにどのような正当性の申し開きをするつもりなのか。

　これは対して、３つの根拠を述べたい。これはあくまでも行動遺伝学者としての筆者の意見であり、行動遺伝学者すべての考えを代表できるかどうかわからないが、行動遺伝学者として極めて重要な問題に関わると考えられるものだ。それは決して、「科学とは価値中立な立場で真理を追究する使命があるから、ＩＱであろうが何であろうが、追究するべきである」などという学者の身勝手なお題目をとなえるものではないつもりだ。

　第１に、ここで紹介している不一致一卵性のエピジェネティクス研究全般について言えることだが、問題にしているエピジェネティクスの差異を全ゲノムが同条件の２人において扱っているという、この領域の研究本来の意義の重要性である。一卵性双生児きょうだいのいないほとんどすべての単胎人は自分と遺伝的に同一人物がどの程度違った人間になるかわからない。しかし、一卵性のきょうだいならたまたま状況が違うから、そのとき限りで違った行動をするというような差でなく、ある程度長期間安定した遺伝子の発現機構の変化のレベルでどの程度変化するかがわかる。つまり遺伝的には同一人物の可変範囲を規定するメカニズムを明らかにできるのである。

第2に、それが知能という遺伝規定性の高い形質においてであること。知能の遺伝率はパーソナリティをはじめとしたさまざまな心理的形質の中でも最も高い形質として知られている。実際、ＩＱ得点で15点以上もの差がある一卵性のペアを探し出すのはなかなか難しい。しかしそれでも生じるほどの大きさの差異がどのようなメカニズムによるかがわかれば、ほかのもっと遺伝規定性の低い形質について見出される多くのエピジェネティクスの差異を理解するカギとなるだろう。

第3に、生身の社会的に適応した人間において確認されるということ。私たちの研究に協力してくださる双生児の方々は、基本的に健常で社会的にも適応した生活を送っている人たちである。これはつまりＩＱという形で表された得点の数値以上に、社会適応のスタイルの差が、そのような数値の差となって現れていると考えられる。ＩＱがＩＱ以外のさまざまな遺伝的に同一の条件が生み出す素質と相まって、実際にどのような社会的意味を持つかを同時に理解しながら、エピジェネティクスの持つ意味を検討できる可能性があるからである。

実際のところ、ＩＱのエピジェネティクスの差異を同定する作業は簡単なものではなく、その結果も、ほかの不一致一卵性の研究と同様、一筋縄ではいかないものだった。そもそもＩＱが遺伝規定性の高い形質であり、なおかつ共有環境の影響も受けるから、一卵性双生児の類似性はほかのどの心理的形質よりも高い。したがって１標準偏差以上差のあるペア自体の数が少ないのである。結局、ＩＱのデータがペアでそろった一卵性約２００組のうち、やや緩い基準（総得点条件だけでなく、言語性知能、空間性知能のいずれかの得点で差があること）を満たし、なおかつ採血を引き受けてくださったペアは17組であった。この数は、これまで紹介した不一致一卵性のエピジェネティクス研究としては、それほど少ない数ではない。

まずペアごとに見てＤＮＡメチル化に有意な差のある遺伝子は17ペア中13ペアで27個あった。しかしそうした差のある遺伝子はペアごとに違っていて、すべてのペアに共通したものは見つからなかった。メチル化に差のある遺伝子の数とＩＱの値のペア差の間には０・４２という中程度の有意な相関は認められたが、これを差ではなく対数化した比率（低ＩＱに対する高ＩＱの比率）で見ると、メチル化の状態との間に有意な関係は見出せなかった。

続いて、この27の遺伝子のメチル化の状態を別の方法で分析し、その妥当性を検証したところ、ＡＲＨＧＡＰ１８とＯＲ４Ｄ１０という２つの遺伝子に有意な差が見出された。そこでそのメチル化の状態とＲＮＡの発現レベルとの相関を見たところ、ＡＲＨＧＡＰ１８のＤＮＡメチル化の状態が、IQ得点の低いほうのきょうだいの発現レベルの大きさと相関が見出された。

遺伝子発現量を調べるアプローチも

以上のようなエピジェネティックなアプローチとは別に、遺伝子発現を全ゲノムで調べるアプローチを試みた。エピジェネティクスのメカニズムが示すように、DNA上に配置された遺伝子は、RNAに転写され、そこからタンパク質に翻訳されて、意味のある機能を発現させる。遺伝子の影響といった場合、エピジェネティックなスイッチのオン・オフだけでなく、同じオンやオフがあっても、それによって発現する量の違いが表現型の差を生むかもしれない。そのように考えて、この研究ではIQの高いほうのグループと低いほうのグループで、その発現量の異なる遺伝子を探したのだが、残念ながらそれは一つも見つからなかった。

遺伝子発現の量から関連遺伝子を探し出すためにさらに試みたのは、すべての遺伝子について、その発現量の高いほうと低いほうにふたごのきょうだいを分け、その間に有意なIQ差があるかどうかを調べるという方法であった。すると有意確率を10^{-6}に設定すると有意差のある遺伝子は見つからなかったが、ボーダーラインのレベルで、RFK、RPL12、RMRPという3つの遺伝子においてIQの差が見出された。それを表したのが図5－5である。

このように分析方法や視点を変えると、それぞれに異なる遺伝子についてエピジェネティクスの差や発現量の差とIQの差に関連があることが示唆されるが、どれ一つとっても、すべて

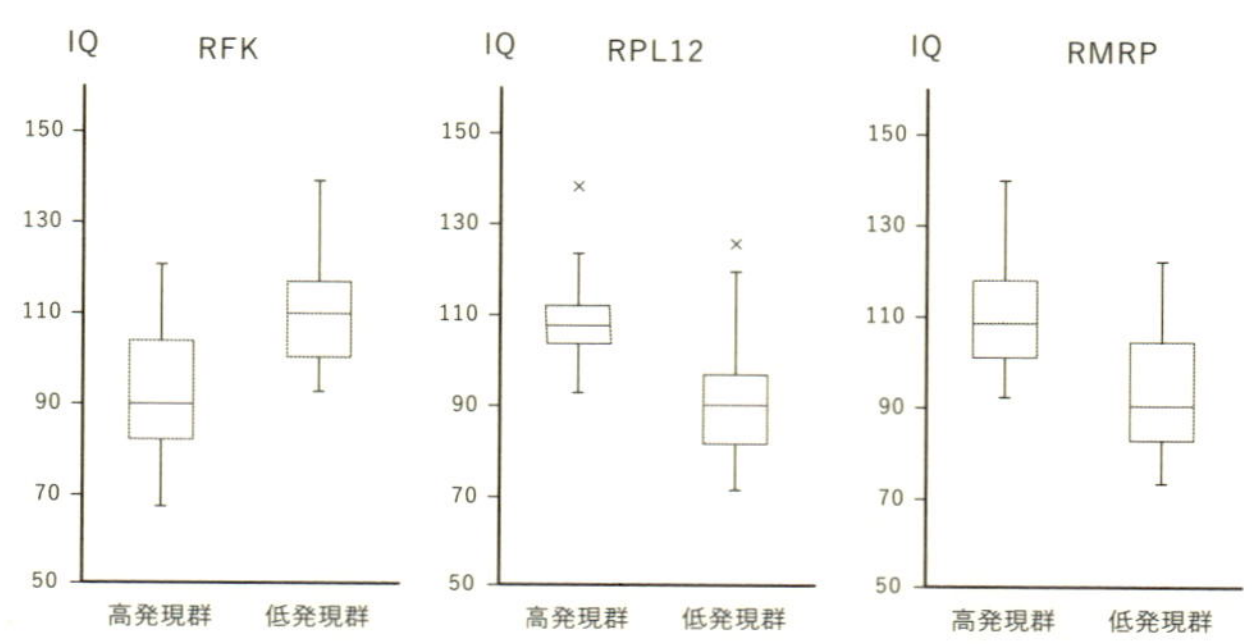

図5-5　IQで発現量の差があった遺伝子(129)

の方法で一貫して同じ遺伝子が関わっていることを示してはくれない。そこで、最後に、個々の遺伝子を探すのではなく、遺伝子セットで関連のあるものがないかを、ゲノムセットエンリッチメント分析（ＧＳＥＡ）という手法で検討した。これまでの研究から、遺伝子発現が連動して増加したり減少したりする遺伝子群というものが特定されていて、それらがデータベース化されている。これを用いてＩＱの高いグループに関連する発現量の増加が見られた遺伝子群を探すと、オルガネラ・リボソーム、リボソーム・サブユニット、ミトコンドリア・リボソームといったリボソーム関連の遺伝子群、並びにＤＮＡの複製に関連する遺伝子群との関係が見出された。またこれをペア単位で比較してみると、イオンチャンネルに関連する遺伝子群が浮かび上がった。

3　ふたごのエピジェネティクス研究はこれから

多くの期待を背負って

不一致一卵性によるエピジェネティクスの研究の中で、とくに精神機能に関するものを概観してきた。このように現状の不一致一卵性によるエピジェネティクス研究は、まさに動き始めたばかりであり、まだ試行錯誤の段階であって、先行研究を利用し、その結果との整合性を確認し、その方法論としての妥当性を検証している段階にあると言えるだろう。使っている方法もまちまちであるし、一貫した結果が必ずしも得られているわけではない。

科学とは、得てしてこのようなものなのだ。結果が蓄積されて整理されて、ほぼ確実な知見が紹介できるところまで固まって、教科書や啓蒙書ができて初めて一般の人たちはその成果を知るに至る。しかしその過程では、ここで紹介したように、確かかどうかもわからない報告が「点在」する段階がある。その点と新たな研究が見出した点がさらに１つ、２つと結びつくようになるにつれて、それは確かな知見として形をなしてくる。前章で紹介した行動遺伝学の３原則や10大知見などはその例だ。しかしほかのどの点とも結びつかないまま忘れ去られてしまう業績すらあるのである。

この分野を牽引しているのは、ロンドンのキングスカレッジで医学分野の双生児研究を精力的に進めているティム・スペクターのチームである。ティム・スペクターの著書“Identically Different”はわが国でも『双子の遺伝子』のタイトルで翻訳出版され[100]、この領域の可能性を広く世間に知らしめることに貢献した。２０１４年11月にハンガリーの首都ブダペストで開催された国際双生児研究会議では、スペクターが中心となって、不一致一卵性のレジストリー作りを世界規模で展開しようという呼びかけがなされた。これまでにも述べたように、一卵性双生児は基本的に類似性が高く、表現型で明らかに異なった一卵性のきょうだいを見つけ出すのははなはだ困難である。それら数少ない不一致一卵性を、同じ形質についてさまざまな国のレジストリーから見つけ出して、世界全体で合わせて大きなサンプルにしようという趣旨である。果たしてどのような成果が将来得られるか、未知数であるが、多くの研究者たちが期待しているふたご研究法である。

おわりに

各章の狙いどころ

ふたご研究のことがあまりにも知られていないことへのある種の焦燥感からこの本を書き上げたわけだが、執筆を依頼されてから数年がたってしまった。この間に、ふたご研究を取り巻く状況は大きく変化し、そしてその変化はいまだに続いている。そのため、この本の焦点もいささか明確に定まらないままに執筆を終えることになったかもしれない。最後に、それぞれの章の「狙いどころ」を解説して、この本を閉じたいと思う。

行動遺伝学の方法論としてのふたご研究（つまり、ふたご「による」研究）は、今日世界的には非常に活発になっていることは第1章「なぜ、いま『ふたご研究』なのか」でも触れた。しかしそうなったのはここ20年くらいのことであり、筆者がふたご研究を志した１９８０年代まででは方法論も暗中模索の中だったと言えよう。それまでの軌跡は、今日の洗練された多変量解析を駆使した豊かなふたご研究の時代から振り返ると、あまりにもどかしいくらいである。そのもどかしさも、やはり学術の発展がたどる必然の道であり、今日の若いふたご研究者たちも知らないことだと思うので、時代遅れのそしりを甘んじて受けることを覚悟で、第3章「ふたごの類似性を科学する」で描写した。こんなことを思うのは、自分が老境に入ってしまったからなのかもしれない。

一方、今日の数少ないふたご研究者たちが、老若問わず、もどかしく感じているのは、ふたご研究の成果が世の中に伝わっていないということである。もっと的確に言えば、ふたご研究から読み解かれる人間観や社会観や教育観と世の常識とが、乖離または反転しているという感覚であろうか。第4章「ふたご研究から見えること」では、筆者が2013年の秋からちょうど半年の特別研究期間（サバティカルあるいは研究休暇とも言う）でロンドンの精神医学研究所に滞在したとき、大御所のロバート・プロミンが定例の研究会で披露してくれた「行動遺伝学の頑健な10大知見」の話（それは後に論文化された[85]）をもとに、それに独自の情報を補充しながらふたごによる行動遺伝学研究の最新の成果をまとめた。そこでは私たちの行動と、行動が作り出す環境のあらゆる側面が、何らかの形で遺伝の影響を免れないことが、しつこいまでに描かれていることがわかるだろう。しかもふたご研究法とGWASやGCTAのよう分子遺伝学の手法が足並みをそろえ、明らかにされようとしている。

この知見が安易な形で世に出回れば、それは陳腐な遺伝決定論として語られることは必至である。そしてそれに対抗する形で、これまた陳腐な環境決定論が叫ばれるのも火を見るより明らかだ。だが、私たちふたご研究者の遺伝観と環境観は、そのような陳腐で平坦なものではない。

私たちの文化を生み、文化を支える社会構造の基底部分に遺伝要因が常に働いているという世界観は、ふたご研究者にとっては世界と人間の営みを眺めるときの自明と言ってよいボトムラインである。教育や政策をどのように設計しようと、人間はその設計通りに動いたり生きたりはせず、遺伝子が作り出す多様な個人差を反映して、さまざまな形の、しばしば予想に反する考え方や行動をとる。この世界観、人間観は、文化と社会がもっぱら遺伝とは無関係に人為的に、そして歴史的に形成されたものであり、人間の心理や行動はもっぱら文化や社会によって規定されると考える一般的な考え方と乖離し、反転している。だが行動遺伝学者に言わせれば、そうした一般的な考え方が事実から乖離しているのである。

この状況は二重の意味で興味深く、また危うい。第1に多くの現代社会科学（経済学、法律学、政治学、心理学、教育学など）のよって立つ文化主義のパラダイムや、ひょっとしたら人々の社会観そのものを根底から覆す可能性があること、第2に世の中の振り子は遺伝決定論の側に大きく振れる可能性があることである。しかも「ゲノム編集」のような技術が登場するようになると、遺伝的存在としての人間の、人間社会や生命世界の中でのあり方をどのようにとらえるかについて、哲学・思想のレベルでも、個人的な意思決定や政策のレベルでも、考えるべききの舞台風景が、これまでと劇的に変わることが容易に予想される。この予想される状況は、いずれも大きく重いテーマであり、論じたいことはたくさんある。しかしこの本のテーマをそこに据えることはあえて避け、ふたご研究そのものへの焦点を保ち続けたかった。それは遺伝について明らかにするふたご研究者として、ふたご研究はそれがゆえに遺伝でないものも明らかにできるという大きな強みを、ふたご研究者自身のまなざしとエビデンスを通して読者に知ってほしかったからだ。

それが第2章「ふたごは互いにどのように似ているのか」と第5章「ふたごの違い」の狙いである。ふたごの方々のありのままの姿に垣間見られる「似かた」を目のあたりにすると、遺伝子が人間に現れる現れ方は、決定論が描くようなスタティック（静的）なものでは決してなく、ダイナミックで柔軟なものであることに気づかされる。しかもその分子レベルのメカニズムがいまエピジェネティクスという現象として理解されようとしている。もちろん本書で描かれたことだけで、十分な人間理解に結びつくわけではない。だが少なくとも遺伝と人間との関係を理解するうえで知っておかねばならない事柄の広がりを、ふたごを通じて示すことはできたと思っている。そこで描いた事柄のイメージを持たないまま、「人間は結局遺伝だ」「いやいや、やはり環境だ」「遺伝か環境かを論ずるのはしょせんムダだ」と、単純な結論を下して済まさないでほしいのである。

ふたご研究の紹介と言いながら、最終的には筆者の関心と力量の限界から、やはり中心はふたご「による」行動遺伝学の話がメインになり、ふたごそのものの研究（ふたご「の」、ふたご「のための」研究）を十分に紹介できなかったことは、われながら遺憾ではある。それは別の機会に、その道の専門の人に語ってもらおうと思う。

謝辞

本書は私が双生児研究を志した大学院生のとき以来、研究のうえでお世話になったあらゆる方々のおかげによるものです。とくにキャリアのはじめに孤独な研究のモティベーションを支えてくださった指導教授の並木博先生と私の博士論文の審査をしてくださった故・波多野誼余夫先生、故・佐藤方哉先生、日本双生児研究学会で応援をしてくださった故・井上英二先生、詫摩武俊先生、天羽幸子先生をはじめこの学会の研究者・会員のふたごの親御さんたち、この学会のメンバーであり科学技術振興機構の研究開発プログラム「脳科学と教育」（小泉英明先生をリーダーとし、森本兼曩先生にお誘いいただきました）で立ち上げた「首都圏ふたごプロジェクト」をともに行ってくれた大木秀一、野中浩一、加藤則子の各氏、そして現在、慶應義塾ふたご行動発達研究センターとして進めている双生児研究プロジェクトを共同研究者として支えてくれた、あるいは現在も支えてくれている大野裕、戸田達史、小林千浩、平石界、山形伸二、高橋雄介、鈴木国威、敷島千鶴、藤澤啓子、野嵜茉莉、尾崎幸謙、滝沢龍、木島伸彦、前川浩子、坂上雅道、染谷芳明、杉本雄太郎、内田亮子、長名保範、小野田直子、垣花真一郎、金森雅夫、苅谷剛彦、川本哲也、神庭重信、小山麻紀、佐々木敏、佐藤菜穂、鈴木敦命、千住淳、出野美那子、中嶋良子、橋本栄里子、長谷川寿一、広瀬信義、藤澤文、村山航、吉村公雄ら諸氏、同じくセンターのアシスタント・秘書としてプロジェクトを支えてくれた、また長年支えてくれている飯泉利恵子、小松朋美、光安三千代、吉江裕子をはじめたくさんのみなさん、高知県立のいち動物公園のチンパンジーのふたご研究でお世話になっている友永雅己、岸本健、絹田俊和、多々良成紀、福守朗、山田信宏の各氏をはじめ関係者のみなさまに、これまでの、また日ごろのご協力への感謝を申し上げます。またここにはお名前を挙げませんでしたが、わが国における双生児研究の推進にご理解をいただき、貴重な教えや機会をいただいた国内外のたくさんの研究者の方々や企業の方々にもお礼を申し上げます。

このような、いささかマニアックな本の出版に変わらぬ熱意を寄せ続けていただき、話をいただいてから数年の月日を忍耐強く待ち続けてきてくださった創元社の編集担当、柏原隆宏さんには何とお礼を申し述べてよいかわかりません。本当にありがとうございました。

最後に、私たちの双生児研究にご協力くださっている全国の双生児とそのご家族のみなさま、そして私の研究をいつも理解し支えてくれている一卵性双生児の１人でもある妻・敬恵に心よりお礼を申し上げます。

２０１７年６月

安藤寿康

〔著者紹介〕

安藤寿康（あんどう・じゅこう）

1958年、東京都生まれ。慶應義塾大学文学部卒業後、同大学大学院社会学研究科博士課程修了。現在、慶應義塾大学文学部教授。教育学博士。専門は行動遺伝学、教育心理学。主な著書に『日本人の9割が知らない遺伝の真実』（SBクリエイティブ）、『遺伝マインド』（有斐閣）、『遺伝と環境の心理学』（培風館）、『遺伝子の不都合な真実』（筑摩書房）、『心はどのように遺伝するか』（講談社）などがある。

「心は遺伝する」とどうして言えるのか
ふたご研究のロジックとその先へ

二〇一七年九月二〇日　第一版第一刷発行

〈著　者〉安藤寿康
〈発行者〉矢部敬一
〈発行所〉株式会社　創元社
本　社　〒五四一-〇〇四七　大阪市中央区淡路町四-三-六
電　話　〇六-六二三一-九〇一〇(代)
ＦＡＸ　〇六-六二三三-三一一一(代)
東京支店　〒一六二-〇八二五　東京都新宿区神楽坂四-三　煉瓦塔ビル
電　話　〇三-三二六九-一〇五一
http://www.sogensha.co.jp/
〈印刷所〉株式会社　太洋社
装丁・本文デザイン　長井究衡

ISBN978-4-422-43026-3　C1045

索引

人名

事項

[あ行]

[た行]

[な行]

[は行]

[ま行]

[や行]

[ら行]

[わ行]

[数字・アルファベット]

文献

(1) 安藤寿康（1999）遺伝と教育——人間行動遺伝学的アプローチ　風間書房

(2) 安藤寿康（2012）遺伝子の不都合な真実——すべての能力は遺伝である　筑摩書房

(3) 安藤寿康（2014）遺伝と環境の心理学——人間行動遺伝学入門　培風館

(4) 安藤寿康（2016）日本人の９割が知らない遺伝の真実　SBクリエイティブ

(5) Avinun, R., & Knafo, A. (2014) Parenting as a reaction evoked by children's genotype: A meta-analysis of children-as-twins studies. *Personality and Social Psychology Review*, 18, 87-102. doi:10.1177/1088868313498308

(6) Baltes, P.B., Reese, H.W., & Lipsitt, L.P. (1980) Life-span developmental psychology. *Annual Review of Psychology*, 31, 65-110. doi:10.1146/annurev.ps.31.020180.000433

(7) Bartels, M. (2015) Genetics of wellbeing and its components satisfaction with life, happiness, and quality of life: A review and meta-analysis of heritability studies. *Behavior Genetics*, 45, 137-156. doi:10.1007/s10519-015-9713-y

(8) Bartels, M., van den Oord, E.J., Hudziak, J.J., Rietveld, M.J., Van Beijsterveldt, C.E., & Boomsma, D.I. (2004) Genetic and environmental mechanisms underlying stability and change in problem behaviors at ages 3, 7, 10, and 12. *Developmental Psychology*, 40, 852-867. doi:10.1037/0012-1649.40.5.852

(9) Beaver, K., Vaughn, M., & DeLisi, M. (2013) Nonshared environmental effects on adulthood psychopathic personality traits: Results from a monozygotic twin difference scores analysis. *Psychiatric Quarterly*, 84, 381-393. doi:10.1007/s11126-013-9255-5

(10) Benyamin, B., Pourcain, B., Davis, O.S., Davies, G., Hansell, N.K., Brion, M.J., ...Visscher, P.M. (2014) Childhood intelligence is heritable, highly polygenic and associated with FNBP1L. *Molecular Psychiatry*, 19, 253-258. doi:10.1038/mp.2012.184

(11) Bornovalova, M.A., Hicks, B.M., Iacono, W.G., & McGue, M. (2009) Stability, change, and heritability of borderline personality disorder traits from adolescence to adulthood: A longitudinal twin study. *Development and Psychopathology*, 21, 1335-1353. doi:10.1017/s0954579409990186

(12) Bouchard, T.J. Jr., & McGue, M. (1981) Familial studies of intelligence: A

review. *Science*, 212, 1055-1059.

(13) Branigan, A.R., McCallum, K.J., & Freese, J. (2013) Variation in the heritability of educational attainment: An international meta-analysis. *Social Forces*, 92, 109-140.

(14) Briley, D.A., & Tucker-Drob, E.M. (2013) Explaining the increasing heritability of cognitive ability across development: A meta-analysis of longitudinal twin and adoption studies. *Psychological Science*, 24, 1704-1713. doi:10.1177/0956797613478618

(15) Briley, D.A., & Tucker-Drob, E.M. (2014) Genetic and environmental continuity in personality development: A meta-analysis. *Psychological Bulletin*, 140, 1303-1331. doi:10.1037/a0037091

(16) Burt, S.A., McGue, M., Carter, L.A., & Iacono, W.G. (2007) The different origins of stability and change in antisocial personality disorder symptoms. *Psychological Medicine*, 37, 27-38. doi:10.1017/S0033291706009020

(17) Burt, S.A., McGue, M., Krueger, R.F., & Iacono, W.G. (2005) How are parent-child conflict and childhood externalizing symptoms related over time? Results from a genetically informative cross-lagged study. *Development and Psychopathology*, 17, 145-165. doi:10.1017/S095457940505008X

(18) Carey, G., & DiLalla, D.L. (1994) Personality and psychopathology: Genetic perspectives. *Journal of Abnormal Psychology*, 103, 32-43.

(19) Castillo-Fernandez, J.E., Spector, T.D., & Bell, J.T. (2014) Epigenetics of discordant monozygotic twins: Implications for disease. *Genome Medicine*, 6, 60.

(20) Cattell, R.B. (1960) The multiple abstract variance analysis equations and solutions: For nature-nurture research on continuous variables. *Psychological Review*, 67, 353-372.

(21) Chiao, J.Y., Cheon, B.K., Pornpattananangkul, N., Mrazek, A.J., & Blizinsky, K.D. (2013) Cultural neuroscience: Progress and promise. *Psychological Inquiry*, 24, 1-19.

(22) Chipuer, H.M., Rovine, M.J., & Plomin, R. (1990) LISREL modeling: Genetic and environmental influences on IQ revisited. *Intelligence*, 14, 11-29.

(23) Cross-Disorder Group of the Psychiatric Genomics Consortium (2013a) Genetic relationship between five psychiatric disorders estimated from genome-wide SNPs. *Nature Genetics*, 45, 984-994. doi:10.1038/ng.2711

(24) Cross-Disorder Group of the Psychiatric Genomics Consortium (2013b) Identification of risk loci with shared effects on five major psychiatric disorders: A

genome-wide analysis. *Lancet*, 381, 1371-1379. doi:10.1016/S0140-6736(12)62129-1

(25) Davies, M.N., Krause, L., Bell, J.T., Gao, F., Ward, K.J., Wu, H., ...Wang, J. (2014) Hypermethylation in the ZBTB20 gene is associated with major depressive disorder. *Genome Biology*, 15, R56. doi:10.1186/gb-2014-15-4-r56

(26) Davis, L.K., Yu, D., Keenan, C.L., Gamazon, E.R., Konkashbaev, A.I., Derks, E.M., ...Scharf, J.M. (2013) Partitioning the heritability of Tourette syndrome and obsessive compulsive disorder reveals differences in genetic architecture. *PLoS Genetics*, 9, e1003864. doi:10.1371/journal.pgen.1003864

(27) Davis, O.S., Haworth, C.M., & Plomin, R. (2009) Learning abilities and disabilities: Generalist genes in early adolescence. *Cognitive Neuropsychiatry*, 14, 312-331. doi:10.1080/13546800902797106

(28) DeFries, J.C., & Fulker, D.W. (1988) Multiple regression analysis of twin data: Etiology of deviant scores versus individual differences. *Acta Geneticae Medicae et Gemellologiae*, 37, 205-216.

(29) DeFries, J.C., Gervais, M.C., & Thomas, E.A. (1978) Response to 30 generations of selection for open-field activity in laboratory mice. *Behavior Genetics*, 8, 3-13.

(30) Dempster, E.L., Pidsley, R., Schalkwyk, L.C., Owens, S., Georgiades, A., Kane, F., ...Mill, J. (2011) Disease-associated epigenetic changes in monozygotic twins discordant for schizophrenia and bipolar disorder. *Human Molecular Genetics*, 20, 4786-4796.

(31) Dempster, E.L., Wong, C.C.Y., Lester, K.J., Burrage, J., Gregory, A.M., Mill, J., & Eley, T.C. (2014) Genome-wide methylomic analysis of monozygotic twins discordant for adolescent depression. *Biological Psychiatry*, 76, 977-983. doi:10.1016/j.biopsych.2014.04.013

(32) Erlenmeyer-Kimling, L., & Jarvik, L.F. (1963) Genetics and intelligence: A review. *Science*, 142, 1477-1478.

(33) Fraga, M.F., Ballestar, E., Paz, M.F., Ropero, S., Setien, F., Ballestar, M.L., ...Esteller, M. (2005) Epigenetic differences arise during the lifetime of monozygotic twins. *Proceedings of the National Academy of Sciences of the United States of America*, 102, 10604-10609.

(34) Francis, R.C. (2011) *Epigenetics: The Ultimate Mystery of Inheritance*. New York: W.W. Norton.（リチャード・C・フランシス（著），野中香方子（訳）(2011)

エピジェネティクス――操られる遺伝子　ダイヤモンド社）

(35) Fujisawa, K.K., Yamagata, S., Ozaki, K., & Ando, J. (2012) Hyperactivity/inattention problems moderate environmental but not genetic mediation between negative parenting and conduct problems. *Journal of Abnormal Child Psychology*, 40, 189-200.

(36) 藤田恒太郎（編）(1962) 双生児の研究――双生児研究班報告　第３集　日本学術振興会

(37) Gaugler, T., Klei, L., Sanders, S.J., Bodea, C.A., Goldberg, A.P., Lee, A.B., ...Buxbaum, J.D. (2014) Most genetic risk for autism resides with common variation. *Nature Genetics*, 46, 881-885. doi:10.1038/ng.3039

(38) Guo, F., Chen, Z., Li, X., Yang, X., Zhang, J., & Ge, X. (2011) Nonshared environment and monozygotic adolescent twin differences in effortful control. *Social Behavior and Personality*, 39, 299-308.

(39) Haworth, C.M., Wright, M.J., Luciano, M., Martin, N.G., de Geus, E.J., van Beijsterveldt, C.E., ...Plomin, R. (2010) The heritability of general cognitive ability increases linearly from childhood to young adulthood. *Molecular Psychiatry*, 15, 1112-1120. doi:10.1038/mp.2009.55

(40) Heyn, H., Carmona, F.J., Gomez, A., Ferreira, H.J., Bell, J.T., Sayols, S., ...Esteller, M. (2013) DNA methylation profiling in breast cancer discordant identical twins identifies DOK7 as novel epigenetic biomarker. *Carcinogenesis*, 34, 102-108.

(41) Hoekstra, R.A., Bartels, M., Hudziak, J.J., Van Beijsterveldt, T.C., & Boomsma, D.I. (2008) Genetic and environmental influences on the stability of withdrawn behavior in children: A longitudinal, multi-informant twin study. *Behavior Genetics*, 38, 447-461. doi:10.1007/s10519-008-9213-4

(42) Hur, Y.M., Kaprio, J., Iacono, W.G., Boomsma, D.I., McGue, M., Silventoinen, K., Martin, N.G., Luciano, M., Visscher, P.M., Rose, R.J., He, M., Ando, J., Ooki, S., Nonaka, K., Lin, C.C., Lajunen, H.R., Cornes, B.K., Bartels, M., van Beijsterveldt, C.E., Cherny, S.S., & Mitchell, K. (2008) Genetic influences on the difference in variability of height, weight and body mass index between Caucasian and East Asian adolescent twins. *International Journal of Obesity*, 32, 1455-1467.

(43) 井上英二（1953a）双生児研究からみた人格の問題　公衆衛生，14(3)，15-18.

(44) 井上英二（1953b）双生児法による性格の研究　精神神経学雑誌，55(5)，603-638.

(45) Inouye, E. (1960) Observations on forty twin index cases with chronic epilepsy and their co-twins. *Journal of Nervous and Mental Disorders*, 130, 401-416.

(46) Inouye, E. (1965) Similar and dissimilar manifestations of obsessive-compulsive neuroses in monozygotic twins. *American Journal of Psychiatry*, 121, 1171-1175.

(47) Ioannidis, J.P.A. (2005) Why most published research findings are false. *PLoS Medicine*, 2, e124. doi:10.1371/journal.pmed.0020124

(48) Ioannidis, J.P.A. (2014) How to make more published research true. *PLoS Medicine*, 11, e1001747. doi:10.1371/journal.pmed.1001747

(49) Johnson, A.M., Shermer, J.A., Vernon, P.A., & Jang, K.L. (2012) Genetic correlations among facets of type A behavior and personality. *Research and Human Genetics*, 15, 491-495.

(50) Kamakura, T., Ando, J., & Ono, Y. (2007) Genetic and environmental effects of stability and change in self-esteem during adolescence. *Personality and Individual Difference*, 42, 181-190.

(51) 上武正二（1971）精神機能における遺伝と環境――双生児による実証的研究　誠文堂新光社

(52) Kendler, K.S., Gardner, C.O., & Lichtenstein, P. (2008) A developmental twin study of symptoms of anxiety and depression: Evidence for genetic innovation and attenuation. *Psychological Medicine*, 38, 1567-1575. doi:10.1017/s003329170800384x

(53) Kishimoto, T., Ando, J., Tatara, S., Yamada, N., Konishi, K., Kimura, N., ... Tomonaga, M. (2014) Alloparenting for chimpanzee twins. *Scientific Reports*, 4, 6306.

(54) Klei, L., Sanders, S.J., Murtha, M.T., Hus, V., Lowe, J.K., Willsey, A.J., ... Devlin, B. (2012) Common genetic variants, acting additively, are a major source of risk for autism. *Molecular Autism*, 3, Article 9. doi:10.1186/2040-2392-3-9

(55) Kovas,Y., Voronin, I., Kaydalov, A., Malykh, S.B., Dale, P.S., & Plomin, R. (2013) Literacy and numeracy are more heritable than intelligence in primary school. *Psychological Science*, 24, 2048-2056.

(56) Krapohl, E., & Plomin, R. (2015) Genetic link between family socioeconomic status and children's educational achievement estimated from genome-wide SNPs. *Molecular Psychiatry*, Advance online publication. doi:10.1038/mp.2015.2

(57) Krueger, R.F. (2000) Phenotypic, genetic, and nonshared environmental parallels in the structure of personality: A view from the Multidimensional Personality Questionnaire. *Journal of Personality and Social Psychology*, 79, 1057-

1067.

(58) Kuratomi, G., Iwamoto, K., Bundo, M., Kusumi, I., Kato, N., Iwata, N., ... Kato, T. (2008) Aberrant DNA methylation associated with bipolar disorder identified from discordant monozygotic twins. *Molecular Psychiatry*, 13, 429-441.

(59) Lerner, R.M., & Benson, J.B. (Eds.) (2013) Embodiment and epigenesist: Theoretical and methodological issues in understanding the roles of biology within relational developmental system. *Advances of Child Development and Behavior*, Vols. 44, 45.

(60) Lichtenstein, P., Yip, B.H., Bjork, C., Pawitan, Y., Cannon, T.D., Sullivan, P.F., & Hultman, C.M. (2009) Common genetic determinants of schizophrenia and bipolar disorder in Swedish families: A population-based study. *Lancet*, 373, 234-239. doi:10.1016/s0140-6736(09)60072-6

(61) Livesley, W.J., Jang, K.L., & Vernon, P.A. (1998) Phenotypic and genetic structure of traits delineating personality disorder. *Archives of Genetic Psychiatry*, 55, 941-948.

(62) Loehlin, J.C. (1987) Heredity, environment, and the structure of the California Psychological Inventory. *Multivariate Behavioral Research*, 22, 137-148.

(63) Lubke, G.H., Hottenga, J.J., Walters, R., Laurin, C., de Geus, E.J., Willemsen, G., ...Boomsma, D.I. (2012) Estimating the genetic variance of major depressive disorder due to all single nucleotide polymorphisms. *Biological Psychiatry*, 72, 707-709. doi:10.1016/j.biopsych.2012.03.011

(64) Lubke, G.H., Laurin, C., Amin, N., Hottenga, J.J., Willemsen, G., van Grootheest, G., ...Boomsma, D.I. (2014) Genomewide analyses of borderline personality features. *Molecular Psychiatry*, 19, 923-929. doi:10.1038/mp.2013.109

(65) Mason, D.A., & Frick, P.J. (1994) The heritability of antisocial behavior: A meta-analysis of twin and adoption studies. *Journal of Psychopathology and Behavioral Assessment*, 16, 301-323.

(66) McAdams, T.A., Neiderhiser, J.M., Rijsdijk, F.V., Narusyte, J., Lichtenstein, P., & Eley, T.C. (2014) Accounting for genetic and environmental confounds in associations between parent and child characteristics: A systematic review of children-of-twins studies. *Psychological Bulletin*, 140, 1138-1173. doi:10.1037/a0036416

(67) McGue, M., & Christensen, K. (2013) Growing old but not growing apart: Twin similarity in the latter half of the lifespan. *Behavior Genetics*, 43, 1-12.

doi:10.1007/s10519-012-9559-5
(68) McGue, M., Zhang, Y., Miller, M.B., Basu, S., Vrieze, S., Hicks, B., ...Iacono, W.G. (2013) A genome-wide association study of behavioral disinhibition. *Behavior Genetics*, 43, 363-373. doi:10.1007/s10519-013-9606-x
(69) Middeldorp, C.M., Cath, D.C., Van Dyck, R., & Boomsma, D.I. (2005) The co-morbidity of anxiety and depression in the perspective of genetic epidemiology: A review of twin and family studies. *Psychological Medicine*, 35, 611-624. doi:10.1017/S003329170400412
(70) 中室牧子（2015）「学力」の経済学　ディスカヴァー・トゥエンティワン
(71) 仲野徹（2014）エピジェネティクス――新しい生命像をえがく　岩波書店
(72) Nguyen, A., Rauch, T.A., Pfeifer, G.P., & Hu, V.W. (2010) Global methylation profiling of lymphoblastoid cell lines reveals epigenetic contributions to autism spectrum disorders and a novel autism candidate gene, RORA, whose protein product is reduced in autistic brain. *FASEB Journal*, 24, 3036-3051.
(73) 西内啓（2013）統計学が最強の学問である　ダイヤモンド社
(74) 小保内虎夫（1926）双生児による心的遺伝の研究　心理学研究，1(5), 577-638.
(75) 太田邦史（2011）自己変革するDNA　みすず書房
(76) 太田邦史（2013）エピゲノムと生命――DNAだけでない「遺伝」のしくみ　講談社
(77) Open Science Collaboration (2015) Estimating the reproducibility of psychological science. *Science*, 349, aac4716. doi:10.1126/science.aac4716
(78) Palmer, R.H., Brick, L., Nugent, N.R., Bidwell, L.C., McGeary, J.E., Knopik, V.S., & Keller, M.C. (2015) Examining the role of common genetic variants on alcohol, tobacco, cannabis and illicit drug dependence: Genetics of vulnerability to drug dependence. *Addiction*, 110, 530-537. doi:10.1111/add.12815
(79) Panizzon, M.S., Vuoksimaa, E., Spoon, K.M., Jacobson, K.C., Lyons, M.J., Franz, C.E., & Kremen, W.S. (2014) Genetic and environmental influences on general cognitive ability: Is *g* a valid latent construct? *Intelligence*, 43, 65-76. doi:10.1016/j.intell.2014.01.008
(80) Pashler, H., & Wagenmakers, E.-J. (2012) Editors'introduction to the special section on replicability in psychological science: A crisis of confidence? *Perspectives on Psychological Science*, 7, 528-530. doi:10.1177/1745691612465253
(81) Pease, A., & Pease, B. (2001) *Why Men Don't Listen and Women Can't Read*

Maps: How We're Different and What to Do About It. London: Orion.（アラン・ピーズ，バーバラ・ピーズ（著），藤井留美（訳）（2002）話を聞かない男，地図が読めない女――男脳・女脳が「謎」を解く　主婦の友社）

(82) Petronis, A., Gottesman, I.I., Kan, P., Kennedy, J.L., Basile, V.S., Paterson, A.D., & Popendikyte, V. (2003) Monozygotic twins exhibit numerous epigenetic differences: Clues to twin discordance? *Schizophrenia Bulletin*, 29, 169-178.

(83) Pike, A., McGuire, S., Hetherington, E.M., Reiss, D., & Plomin, R. (1996) Family environment and adolescent depressive symptoms and antisocial behavior: A multivariate genetic analysis. *Developmental Psychology*, 32, 590-603. doi:10.1037/0012-1649.32.4.590

(84) Plomin, R. (1992) *Nature and Nurture: An Introduction to Human Behavioral Genetics*. Pacific Grove, CA: Brooks/Cole.（ロバート・プロミン（著），安藤寿康・大木秀一（訳）（1994）遺伝と環境――人間行動遺伝学入門　培風館）

(85) Plomin, R., DeFries, J.C., Knopik, V.C., & Neiderhiser, J.M. (2016) Top 10 replicated findings from behavioral genetics. *Perspectives of Psychological Science*, 11, 3-23.

(86) Plomin, R., & Kovas, Y. (2005) Generalist genes and learning disabilities. *Psychological Bulletin*, 131, 592-617. doi:10.1037/0033-2909.131.4.592

(87) Power, R.A., Wingenbach, T., Cohen-Woods, S., Uher, R., Ng, M.Y., Butler, A.W., ...McGuffin, P. (2013) Estimating the heritability of reporting stressful life events captured by common genetic variants. *Psychological Medicine*, 43, 1965-1971. doi:10.1017/S0033291712002589

(88) Rhee, S.H., & Waldman, I.D. (2002) Genetic and environmental influences on antisocial behavior: A meta-analysis of twin and adoption studies. *Psychological Bulletin*, 128, 490-529. doi:10.1037/0033-2909.128.3.490

(89) Rietveld, C.A., Cesarini, D., Benjamin, D.J., Koellinger, P.D., De Neve, J.E., Tiemeier, H., ...Bartels, M. (2013) Molecular genetics and subjective well-being. *Proceedings of the National Academy of Sciences of the United States of America*, 110, 9692-9697. doi:10.1073/pnas.1222171110

(90) Rietveld, M.J., Hudziak, J.J., Bartels, M., Van Beijsterveldt, C.E., & Boomsma, D.I. (2004) Heritability of attention problems in children: Longitudinal results from a study of twins, age 3 to 12. *Journal of Child Psychology and Psychiatry*, 45, 577-588.

(91) Rimfeld, K., Kovas, Y., Dale, P.S., & Plomin, R. (2016) True grit and genetics:

Predicting academic achievement from personality. *Journal of Personality and Social Psychology*, 111, 780-789.

（92）Ripke, S., O'Dushlaine, C., Chambert, K., Moran, J.L., Kahler, A.K., Akterin, S., ...Sullivan, P.F. (2013) Genome-wide association analysis identifies 13 new risk loci for schizophrenia. *Nature Genetics*, 45, 1150-1159. doi:10.1038/ng.2742

（93）Roberts, B.W., Kunce, N.R., Shiner, R., Caspi, A., & Goldberg, L.R. (2007) The power of personality: The comparative validity of personality traits, socioeconomic status, and cognitive ability for predicting important life outcomes. *Perspectives on Psychological Science*, 2, 313-345.

（94）Rosa, A., Picchioni, M.M., Kalidindi, S., Loat, C.S., Knight, J., Toulopoulou, T., ...Craig, I.W. (2008) Differential methylation of the X-chromosome is a possible source of discordance for bipolar disorder female monozygotic twins. *American Journal of Medical Genetics Part B: Neuropsychiatric Genetics*, 147B, 459-462.

（95）Ruggeri, B., Nymberg, C., Vuoksimaa, E., Lourdusamy, A., Wong, C.P., Carvalho, F.M., ...the IMAGEN Consortium (2015) Association of protein phosphatase PPM1G with alcohol use disorder and brain activity during behavioral control in a genome-wide methylation analysis. *American Journal of Psychiatry*, 172, 543-552.

（96）Scarr, S., & McCartney, K. (1983) How people make their own environments: A theory of genotype greater than environmental effects. *Child Development*, 54, 424-435. doi:10.2307/1129703

（97）Schutte, N.M., Nederend, I., Hudziak, J.J., de Geus, E.J., & Bartels, M. (2016) Differences in adolescent physical fitness: A multivariate approach and meta-analysis. *Behavior Genetics*, 46, 217-227. doi:10.1007/s10519-015-9754-2

（98）Shikishima, C., Hiraishi, K., Yamagata, S., Sugimoto, Y., Takemura, R., Ozaki, K., ...Ando, J. (2009) Is *g* an entity? A Japanese twin study using syllogisms and intelligence tests. *Intelligence*, 37, 256-267.

（99）Spearman, C. (1904) "General intelligence," objectively determined and measured. *American Journal of Psychology*, 15, 201-292.

（100）Spector, T. (2012) *Identically Different: Why You Can Change Your Genes.* London: Weidenfeld & Nicolson.（ティム・スペクター（著），野中香方子（訳）（2014）双子の遺伝子――「エピジェネティクス」が２人の運命を分ける　ダイヤモンド社）

（101）St. Pourcain, B., Cents, R.A., Whitehouse, A.J., Haworth, C.M., Davis, O.S.,

O'Reilly, P.F., ...Davey Smith, G. (2014) Common variation near ROBO2 is associated with expressive vocabulary in infancy. *Nature Communications*, 5, Article 4831. doi:10.1038/ncomms5831

(102) Sullivan, P.F., Kendler, K.S., & Neale, M.C. (2003) Schizophrenia as a complex trait: Evidence from a meta-analysis of studies. *Archives of General Psychiatry*, 60, 1187-1192. doi:10.1001/archpsyc.60.12.1187

(103) Sullivan, P.F., Neale, M.C., & Kendler, K.S. (2000) Genetic epidemiology of major depression: Review and meta-analysis. *American Journal of Psychiatry*, 157, 1552-1562.

(104) Tan, Q., Christiansen, L., Hjelmborg, J.v.B., & Christensen, K. (2015) Twin methodology in epigenetic studies. *Journal of Experimental Biology*, 218, 134-139. doi:10.1242/jeb.107151

(105) Tick, B., Bolton, P., Happe, F., Rutter, M., & Rijsdijk, F. (2016) Heritability of autism spectrum disorders: A meta-analysis of twin studies. *Journal of Child Psychology and Psychiatry*, 57, 585-595.

(106) 友永雅己，三浦麻子，針生悦子（2016）心理学の再現可能性――我々はどこから来たのか，我々は何者か，我々はどこへ行くのか（特集号の刊行に寄せて） 心理学評論，59，1-2.

(107) Trzaskowski, M., Davis, O.S., DeFries, J.C., Yang, J., Visscher, P.M., & Plomin, R. (2013) DNA evidence for strong genome-wide pleiotropy of cognitive and learning abilities. *Behavior Genetics*, 43, 267-273. doi:10.1007/s10519-0139594-x

(108) Trzaskowski, M., Harlaar, N., Arden, R., Krapohl, E., Rimfeld, K., McMillan, A., ...Plomin, R. (2014) Genetic influence on family socioeconomic status and children's intelligence. *Intelligence*, 42, 83-88. doi:10.1016/j.intell.2013.11.002

(109) Tucker-Drob, E.M., & Briley, D.A. (2014) Continuity of genetic and environmental influences on cognition across the life span: A meta-analysis of longitudinal twin and adoption studies. *Psychological Bulletin*, 140, 949-979.

(110) Turkheimer, E. (2000) Three laws of behavioral genetics and what they mean. *Current Directions in Psychological Science*, 9, 160-165.

(111) Turkheimer, E., Pettersson, E., & Horn, E.E. (2014) A phenotypic null hypothesis for the genetics of personality. *Annual Review of Psychology*, 65, 515-540. doi:10.1146/annurev-psych-113011-143752

(112) Turkheimer, E., & Waldron, M. (2000) Nonshared environment: A

theoretical, methodological, and quantitative review. *Psychological Bulletin*, 126, 78-108. doi:10.1037/0033-2909.126.1.78

（113）内村祐之（編）（1954）双生児の研究——双生児研究班報告　日本学術振興会

（114）内村祐之（編）（1956）双生児の研究——双生児研究班報告　第２集　日本学術振興会

（115）Van Dongen, J., Nivard, M.G., Baselmans, B.M.L., Zilhão, N.R., Ligthart, L., BIOS Consortium, ...Boomsma, D.I. (2015) Epigenome-wide association study of aggressive behavior. *Twin Research and Human Genetics*, 18, 686-698.

（116）Verhulst, B., Neale, M.K., & Kendler, K.S. (2009) The heritability of alcohol use disorders: A meta-analysis of twin and adoption studies. *Psychological Medicine*, 45, 1061-1072.

（117）Verweij, K.J.H., Brendan, P., Zietsch, B.P., Lynskey, M.T., Medland, S.E., Neale, M.C., ...Vink, J.M. (2009) Genetic and environmental influences on cannabis use initiation and problematic use: A meta-analysis of twin studies. *Addiction*, 105, 417-430. doi:10.1111/j.1360-0443.2009.02831.x

（118）Verweij, K.J.H., Yang, J., Lahti, J., Veijola, J., Hintsanen, M., Pulkki-Råback, L., ...Zietsch, B.P. (2012) Maintenance of genetic variation in human personality: Testing evolutionary models by estimating heritability due to common causal variants and investigating the effect of distant inbreeding. *Evolution*, 66, 3238-3251. doi:10.1111/j.1558-5646.2012.01679.x

（119）Vinkhuyzen, A.A.E., Pedersen, N.L., Yang, J., Lee, S.H., Magnusson, P.K.E., Iacono, W.G., ...Wray, N.R. (2012) Common SNPs explain some of the variation in the personality dimensions of neuroticism and extraversion. *Translational Psychiatry*, 2, e102. doi:10.1038/tp.2012.27

（120）Vrieze, S.I., McGue, M., Miller, M.B., Hicks, B.M., & Iacono, W.G. (2013) Three mutually informative ways to understand the genetic relationships among behavioral disinhibition, alcohol use, drug use, nicotine use/dependence, and their co-occurrence: Twin biometry, GCTA, and genomewide scoring. *Behavior Genetics*, 43, 97-107. doi:10.1007/s10519-013-9584-z

（121）Vukasović, T., & Bratko, D. (2015) Heritability of personality: A meta-analysis of behavior genetic studies. *Psychological Bulletin*, 141, 769-785.

（122）Vul, E., Harris, C., Winkielman, P., & Pashler, H. (2009) Puzzlingly high correlations in fMRI studies of emotion, personality, and social cognition.

Perspectives on Psychological Science, 4, 274-290.
(123) Wong, C.C.Y., Meaburn, E.L., Ronald, A., Price, T.S., Jeffries, A.R., Schalkwyk, L.C., ...Mill, J. (2014) Methylomic analysis of monozygotic twins discordant for autism spectrum disorder and related behavioural traits. *Molecular Psychiatry*, 19, 495-503.
(124) Wong, C.C.Y., Parsons, M.J., Lester, K.J., Burrage, J., Eley, T.C., Mill, J., ...Gregory, A.M. (2015) Epigenome-wide DNA methylation analysis of monozygotic twins discordant for diurnal preference. *Twin Research and Human Genetics*, 18, 662-669.
(125) Wray, N.R., Lee, S.H., Mehta, D., Vinkhuyzen, A.A., Dudbridge, F., & Middeldorp, C.M. (2014) Research review: Polygenic methods and their application to psychiatric traits. *Journal of Child Psychology and Psychiatry*, 55, 1068-1087. doi:10.1111/jcpp.12295
(126) Yamagata, S., Suzuki, A., Ando, J., Ono, Y., Kijima, N., Yoshimura, K., ...Jang, K.L. (2006) Is the genetic structure of human personality universal? A cross-cultural twin study from North America, Europe, and Asia. *Journal of Personality and Social Psychology*, 90, 987-998.
(127) Yamagata, S., Takahashi, Y., Ozaki, K., Fujisawa, K.K., Nonaka, K., & Ando, J. (2013) Bidirectional influences between maternal parenting and children's peer problems: A longitudinal monozygotic twin difference study. *Developmental Science*, 16, 249-259. doi:10.1111/desc.12021
(128) Yang, J., Lee, S.H., Goddard, M.E., & Visscher, P.M. (2011) GCTA: A Tool for genome-wide complex trait analysis. *American Journal of Human Genetics*, 88, 76-82.
(129) Yu, C.C., Furukawa, M., Kobayashi, K., Shikishima, C., Cha, P.C., Sese, J., ... Toda, T. (2012) Genome-wide DNA methylation and gene expression analyses of monozygotic twins discordant for intelligence levels. *PLoS ONE*, 7, e47081.